"十三五"高等职业教育规划教材

安徽省高校省级质量工程规划教材立项教材

实用软件工程项目化教程

方少卿◎主　编

张　锐　刘　兵　洪成刚◎副主编

中国铁道出版社有限公司

CHINA RAILWAY PUBLISHING HOUSE CO., LTD.

内 容 简 介

全书本着"理论够用适度，任务引领学习"的原则编写，根据高职学生的特点，全书围绕一个物业管理系统展开，以软件生命周期为主线，介绍结构化软件分析设计方法和面向对象软件分析设计方法，将软件工程知识点分解到各个任务中。

全书共分为 5 个单元：软件工程概述、项目计划分析、软件的设计、面向对象方法学、软件测试与维护。本书注重应用性和实践性，参照软件工程课程教学标准和高职高专学生的特点，通过案例引领，对软件工程中重要的知识点着重剖析并举例，供读者学习借鉴和参考。

本书适合作为高等职业院校"软件工程"课程的教材，也可作为电大、成人院校、各类培训教材用书，还可供准备参加计算机等级考试和自学软件工程的读者阅读参考。

图书在版编目(CIP)数据

实用软件工程项目化教程/方少卿主编 . —北京:中国铁道
出版社有限公司, 2020.7
"十三五"高等职业教育规划教材
ISBN 978-7-113-26951-7

Ⅰ.①实… Ⅱ.①方… Ⅲ.①软件工程-高等职业教育-教材
Ⅳ.①TP311.5

中国版本图书馆 CIP 数据核字(2020)第 090214 号

书　　名:实用软件工程项目化教程
作　　者:方少卿

策　　划:翟玉峰　　　　　　　　　　编辑部电话:(010)83517321
责任编辑:翟玉峰　许　璐
封面设计:刘　颖
责任校对:张玉华
责任印制:樊启鹏

出版发行:中国铁道出版社有限公司(100054,北京市西城区右安门西街 8 号)
网　　址:http://www.tdpress.com/51eds/
印　　刷:三河市宏盛印务有限公司
版　　次:2020 年 7 月第 1 版　2020 年 7 月第 1 次印刷
开　　本:890 mm×1 240 mm　1/16　印张:8.75　字数:204 千
书　　号:ISBN 978-7-113-26951-7
定　　价:25.00 元

我国已进入新的发展阶段，产业升级和经济结构调整不断加快，各行各业对技术技能人才的需求越来越紧迫，职业教育的重要地位和作用越来越凸显。

国务院发布的《国家职业教育改革实施方案》（国发〔2019〕4号）（以下简称《方案》）提出："深化产教融合、校企合作，育训结合，健全多元化办学格局，推动企业深度参与协同育人，扶持鼓励企业和社会力量参与举办各类职业教育。"《方案》要求各职业院校"按照专业设置与产业需求对接、课程内容与职业标准对接、教学过程与生产过程对接的要求……提升职业院校教学管理和教学实践能力"。为了更好地提升计算机和信息技术技能人才的培养质量，针对目前相当一部分高职计算机和信息技术专业中的教学过程和课程内容仍延续传统的学科体系、核心课程间缺乏联系或联系不紧密的现象，以及教学内容和行业标准、工作过程脱节的现象，我们与企业合作规划设计了这套计算机项目化系列教材，整个系列教材围绕计算机应用专业和软件技术专业的核心课程和技能进行整合，以行业企业软件设计开发的岗位技能和标准需求来规划设计整套教程。本系列教材以一个真实企业项目引领，围绕项目开发需要组织学习内容。

本系列教材规划了5本教材，分别是《C语言程序设计项目化教程》《C#程序设计项目化教程》《动态网页设计（ASP.NET）项目化教程》《SQL Server数据库项目化教程》《实用软件工程项目化教程》。本系列教材的编写是主编及参编教师在长期的教学过程中，对教与学过程的总结与提升的结果。在对现有的教材认真分析后，教师们认为普遍存在如下一些缺点：

（1）缺少前后课程间的内容衔接。现有专业核心教材各自都注重本课程的体系完整性，但缺少课程间的内容衔接，课程间关联度不高，这影响了IT人才培养的质量与效率，也与高职技术技能型人才培养目标有距离。

（2）教学内容和行业标准、工作过程脱节。缺乏真实项目引领的教材，教材内容和行业标准、工作过程脱节，从而使学生学习的目标不明、学习的针对性不足，从而影响学生学习的主动性和积极性。

我们提出以项目贯穿专业主干课程的思想，针对在高职人才培养过程中存在的课程间衔接不好、各课程相互关联度不高等问题，力争从专业人才培养的顶层对专业核心课程进行系统化的开发，组建了教学团队编写教学大纲，并委托安徽力瀚科技有限公司定制开发两个版本的"职苑物业管理系统"——桌面版和Web版。这两个版本有相同的业务流程，桌面版主要为"C#程序设计项目化课程"服务，Web

版主要为"动态网页设计（ASP. NET）项目化课程"和"SQL Server 数据库项目化课程"服务，并在此基础上研发编写系列教材。

（3）学生学习课程的具体目标不明确，影响学习积极性。本系列教材以一个真实的案例开发任务来引领各课程学习，从而使学生有明确而实际的学习目标，其中的项目经过分解，项目需求与课程相匹配，有明确的任务适合学生经学习来完成，以增强学生的成就感和积极性。

本系列教材的编写以企业实际项目为基础，分析相关课程的教学内容和教学大纲，对工作过程和知识点进行分解，以任务驱动的方式来组织。本系列教材以"职苑物业管理系统"设计与开发进行统一规划、分类实现，针对统一规划分别设计了一个基于 C#脚本的 Web 版 B/S 架构应用系统和一个基于 C#脚本的桌面系统，同时还设计了一个 C 语言的简化版"职苑物业管理系统"，并以此应用系统将软件开发过程以实用软件工程进行总结和提升。所有这些考虑主要是为了让学生有明确的目标和兴趣，同时在知识建构中体会所学知识的实际应用，真正体现学以致用和高职特色的理论知识"够用、适度"要求，又兼顾学生对项目开发过程的理解。

本系列教材具有以下突出特点：

① 一个项目贯穿系列教材；

② 对接行业标准和岗位规范；

③ 打破课程的界限，注重课程间的知识衔接；

④ 降低理论难度，注重能力和技能培养；

⑤ 形成了一种案例引领专业核心课程的教材开发模式。

本系列教材按软件开发先后次序展开，并以任务的形式分步进行。每个任务分三部分：第一部分导入任务，第二部分介绍任务涉及的基本知识点，第三部分是完成任务。有些必需而任务中又没有涉及的知识则以知识拓展、拓展任务或延伸阅读的形式提供。为了配合教师更好地教学和学生更方便地学习，每本教材都提供了丰富的数字化教学资源：有配套的 PPT 课件，并提供了完整的项目代码和教学视频供教师教学和学生课下学习使用；对一些关键内容还提供了微视频，学习者可通过扫描相应的二维码进行学习。同时，每单元的实训任务也是配合与教学内容相关的知识点进行设计，以便学生学习和实践操作，强化职业技能和巩固所学知识。

本系列教材为 2016 年省质量工程名师（大师）工作室——方少卿名师工作室（2016msgzs074）建设内容之一，同时也是安徽省高校省级质量工程规划教材立项教材——计算机专业项目化系列教程（2017ghjc290）的建设内容；项目开发由安徽省高职高专专业带头人资助项目资助。

本系列教材由铜陵职业技术学院方少卿教授任主编并负责规划和各教材的统稿定稿，铜陵职业技术学院张涛、张锐、汪广舟、刘兵、查艳、伍丽惠、崔莹、李超，安徽工业职业技术学院王雪峰，铜陵广播电视大学汪时安，安徽力瀚科技有限公司技术总监吴荣荣等为教材的规划、编写做了很多工作。

在本系列教材建设过程中得到铜陵职业技术学院、安徽工业职业技术学院、铜陵广播电视大学有关领导和同仁的大力支持，在此一并深表谢意。

由于编者水平有限，加之一个案例引领专业核心课程还只是一种探索，难免在书中存在处理不当和不合理的地方，恳请广大读者和职教界同仁提出宝贵意见和建议，以便修订时加以完善和改进。

方少卿

2019 年 10 月

随着信息技术的飞速发展，软件开发的新技术、新方法层出不穷。20世纪60年代中期，大容量、高速度计算机的出现，使计算机的应用范围迅速扩大，软件系统的规模越来越大，复杂程度越来越高，软件危机开始爆发。软件工程诞生于20世纪60年代末期，它作为一个新兴的工程学科，主要研究软件生产的客观规律性，建立与系统化软件生产有关的概念、原则、方法、技术和工具，指导和支持软件系统的生产活动，以期达到降低软件生产成本、改进软件产品质量、提高软件生产率水平的目标。

"软件工程"是高职院校软件技术、计算机应用等专业的一门主干课程。"软件工程"课程具有知识点多、内容更新快、课程实践性强等特点。本书以物业管理系统的开发为主线，讲述软件工程的基本概念、原理和方法，系统地介绍比较成熟的软件工程技术。

本书为安徽省高校省级质量工程规划教材立项教材——计算机专业项目化系列教程（2017ghjc290）的组成部分。本着"理论够用、适度，任务引领学习"的原则，本教材所涉及的案例"职苑物业管理系统"是与企业合作开发的真实案例，并以此案例展开知识点的阐述，为了便于教学，教材的编写参照软件工程课程教学标准和高职高专学生的特点对该案例进行了修改，并按照软件生命周期的各个阶段分解成若干个任务，将软件工程的知识点引入相关任务中。

1. 本书内容

本书分5个单元。单元1介绍软件工程的基础知识，单元2介绍软件项目实施前期的任务，单元3介绍软件项目的设计阶段，单元4介绍面向对象方法学，单元5介绍软件的测试与维护。本书5个单元的具体内容如下：

单元1 软件工程概述：介绍软件工程的基础知识，如软件的相关概念，软件的分类，软件危机产生的背景、主要表现、产生原因及解决途径，软件工程的产生、定义、任务、内容、基本原则，软件生命周期的阶段划分，常见的软件开发过程模型等。

单元2 项目计划分析：介绍软件项目实施前期的任务，如软件的问题定义，可行性分析，项目计划制定，需求分析的任务、难点、分类和原则，结构化需求分析的方法等。

单元3 软件的设计：介绍软件项目的设计阶段，如软件的总体设计任务、步骤和原则，模块设计思想和原则，系统结构图的绘制方法，详细设计的任务、方法和工具，数据库设计等。

单元4 面向对象方法学：介绍面向对象的基本概念、特征、优点，面向对象建模，统一建模语言等。

单元5 软件测试与维护：介绍软件测试的目标、分类、用例，静态测试和动态测试，黑盒测试和白盒测试，测试用例设计原则，测试流程，面向对象的软件测试，软件项目的调试和维护等。

2. 配套资源

为了配合教师更好地组织教学和学生更方便地学习，本书开发了丰富的数字化教学资源。有配套的 PPT 课件，并提供了完整的项目代码供教师和学生课下学习使用。具体下载地址为：http://www.tdpress.com/51eds/，联系邮箱：TLFSQ@126.com。

3. 课时分配建议

教 学 内 容	授课学时安排
单元 1　软件工程概述	4
单元 2　项目计划分析	8
单元 3　软件的设计	10
单元 4　面向对象方法学	8
单元 5　软件测试与维护	6
合　　计	36

本书由安徽省高职高专专业带头人、安徽省教学名师、铜陵职业技术学院方少卿教授担任主编，铜陵职业技术学院张锐、铜陵职业技术学院刘兵、安徽志成信息技术有限公司洪成刚担任副主编。具体编写分工如下：单元 1 由刘兵编写；单元 2、3 由张锐编写；单元 4 由洪成刚编写；单元 5 由方少卿编写。方少卿负责全书的统稿与定稿。本书在编写过程中还得到了铜陵职业技术学院和安徽工业职业技术学院、安徽志成信息技术有限公司有关领导的大力支持，在此表示衷心的感谢。同时，教材编写过程中参考了本领域的相关教材和著作，在此向其作者一并深表谢意。

由于编者水平有限，书中疏漏和不足之处在所难免，恳请广大读者提出宝贵意见和建议，以便修订时加以完善。

编　者

2020 年 4 月

CONTENTS

目 录

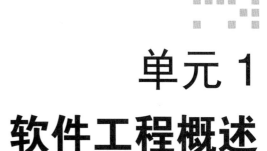

单元 1
软件工程概述

　　本单元介绍软件的相关概念，软件的分类，软件危机产生的背景、主要表现、产生原因及解决途径，软件工程的产生、定义、任务、内容、基本原则，软件生命周期的阶段划分，常见的软件开发过程模型等知识。

学习目标

- 了解软件定义和特点；
- 理解软件危机的概念和产生的原因；
- 理解软件工程的任务和内容；
- 掌握软件生命周期模型；
- 熟悉典型软件开发过程模型。

任务　认识软件工程

任务导入

　　一个软件的开发不是简单地完成程序代码就可以了，应在系统开发过程中采取合理完善的技术和管理上措施，以工程化的模式统筹整个软件的生命周期。

　　在近代技术发展历史上，工程学科的进步一直是产业发展的巨大动力。如建筑工程、机械工程、电力工程等对工农业、商业的影响是极为明显的。随着工程学科的进步，近年来人们开始对气象工程、生物工程、计算机工程等有了新的认识。

　　软件工程是一门研究用工程化方法构建和维护有效、实用和高质量软件的学科。它涉及程序设计语言、数据库、软件开发工具、系统平台、标准、设计模式等方面。

 知识技能准备

一、软件的概念和特点

1. 软件的发展

"软件"这一名词是在 20 世纪 60 年代初从国外传来，当时还没有确切的含义。要对软件产生清晰的认识，首先必须知道软件的 4 个发展阶段。

（1）第一阶段为程序设计阶段（20 世纪 50 ~ 60 年代中期）。最初的二进制机器指令语言程序逐渐被汇编语言程序代替，程序是专为满足某个具体应用而编写的。这个阶段是个体手工生产方式，硬件成本非常昂贵，程序规模小，占用内存空间也较小。软件的设计通常是在开发者的头脑中进行的，没有什么程序设计方法，除了程序清单代码之外，没有其他文档能有效地保存下来。

（2）第二阶段为程序系统阶段（20 世纪 60 年代中期 ~ 70 年代初）。计算机软件程序出现系统化发展，这个时期计算机语言发展很快，出现了应用性高级语言，如 Basic、Pascal、Fortran 等。这个阶段的软件生产方式仍然是个体化开发方法，程序开发出现"软件作坊"形式。这个阶段的硬件价格开始降低，速度、容量、可靠性明显提高，但是此阶段软件产品的开发仍然没有相应配套的管理体系，出现了运行质量低下、维护工作繁杂甚至不可维护等问题。"软件危机"随之出现。

（3）第三阶段为软件工程阶段（20 世纪 70 年代初 ~ 90 年代初）。开始出现高级语言系统、数据库、网络及分布式开发等。这个阶段的软件生产方式是工程化生产，计算机硬件成本的大幅下降，同时计算机性能的快速提高促使计算机迅速普及，各类用户对计算机软件的需求不断高涨，推动了软件生产走向市场化，同时也促使软件开发成为一门新兴的工程学科，即软件工程。软件工程技术对软件的开发技术、方法进行改进，如结构化的设计、分析方法和原型化的方法促进了软件生产的过程化和规范化。软件管理在软件生产中起着重要作用，但是尚未完全摆脱软件危机。

（4）第四阶段为现代软件工程阶段（20 世纪 90 年代初至今）。软件生产走向了项目工程生产方式，出现了大量的新技术，如面向对象技术、嵌入式系统、分布式系统和智能系统等复杂程度高、应用规模大的计算机系统。软件开发进入成熟发展阶段，软件成为人类必不可少的工具之一。

2. 软件的定义和特点

软件是计算机系统中与硬件相互依存的另一部分，是包括程序、数据及其相关文档的完整集合。其中，程序是按事先设计的功能和性能要求执行的指令序列；数据是使程序能正常操纵信息的数据结构；文档是与程序开发、维护和使用有关的图文材料。

软件具有如下特点：

（1）软件是一种逻辑实体，而不是具体的物理实体。这个特点使它和计算机硬件有着明显的差别。人们可以把软件记录在纸面上，保存在计算机的存储器内部，也可以保留在磁盘、磁带等介质，但却无法看到软件的形态，而必须通过观察、分析、思考、判断去了解它的功能、性能及其他特性。

（2）软件的开发生产与硬件不同。在软件开发过程中没有明显的制造过程，也不像硬件那样，

一旦研制成功，可以重复制造，并且在制造过程中进行质量控制，以保证产品的质量。软件是通过人们的智力活动，把知识与技术转化成信息的一种产品。一旦某一软件项目研制成功，以后就可以大量地复制同一内容，所以对软件质量的控制，必须着重在软件开发方面下功夫。由于软件的复制是件非常容易的事情，因此也出现了软件产品的产权保护问题。

（3）在软件的运行和使用期间，没有硬件那样的机械磨损，老化问题。任何机械、电子设备在刚刚投入使用时，各部位都尚未做到配合良好、运转灵活，常常容易出现问题。设备需要经过一段时间的运行才可以稳定下来。当设备经历了相当长的时间的运转，又会出现磨损、老化等问题，失效率越来越高。当失效率达到一定的程度，设备就到达了寿命的终点，如图 1-1 所示。

而软件的情况与此不同，因为它不存在磨损和老化问题。在软件生存期中，为了使其能够克服以前没有发现的故障，能够适应硬件、软件环境的变化以及用户新的要求，必须要多次修改（维护）软件，而每次修改不免引入新的错误，这样一次次修改，导致软件的失效率升高，如图 1-2 所示，造成软件退化。因此，软件的维护比硬件的维护要复杂得多，与硬件的维修有着本质上的差别。

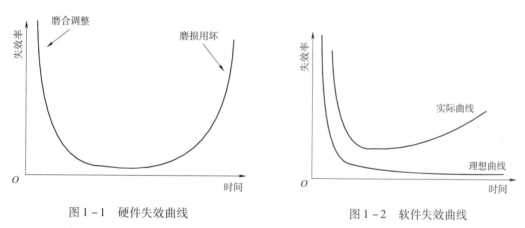

图 1-1　硬件失效曲线　　　　　图 1-2　软件失效曲线

（4）软件开发成本高。软件的研制工作需要投入大量的、复杂的、高强度脑力劳动，它的成本是比较高的。值得注意的是，硬件、软件的成本 40 年来发生了戏剧性的变化。无论是自主研制还是向厂家购买，20 世纪 50 年代末，软件的开销约占总开销的百分之十几，大部分成本要花在硬件上，但到了 20 世纪 80 年代，这个比例完全颠倒过来，软件的开销大大超过了硬件的开销。

二、软件的分类

1. 按软件的功能划分

依据软件的功能的不同，可将软件划分为系统软件、应用软件。

（1）系统软件。系统软件负责管理计算机系统中各种独立的硬件，使得它们可以协调工作。系统软件使得计算机使用者和其他软件将计算机当作一个整体，从而不需要顾及底层每个硬件是如何工作的。系统软件为计算机使用提供最基本的功能，可分为操作系统和系统支撑软件，其中，操作系统是最基本的软件。

操作系统是管理计算机硬件与软件资源的程序，同时也是计算机系统的内核与基石。操作系统身负诸如管理与配置内存、决定系统资源供需的优先次序、控制输入与输出设备、操作网络与管理文件系统等基本事务。操作系统也提供一个让使用者与系统交互的操作接口。

系统支撑软件是支撑各种软件的开发与维护的软件，又称为软件开发环境（Software Development Environment，SDE）。它主要包括环境数据库、各种接口软件和工具组。著名的软件开发环境有 IBM 公司的 WebSphere，微软公司的 Visual Stuadio 等，其包括一系列基本的工具，比如编译器、数据库管理、存储器格式化、文件系统管理、用户身份验证、驱动管理、网络连接等方面的工具。

（2）应用软件。应用软件是为了某种特定的用途而被开发的软件。它可以是一个特定的程序，比如一个图像浏览器。它也可以是一组功能联系紧密、可以互相协作的程序的集合，比如微软的 Office 软件。它还可以是一个由众多独立程序组成的庞大的软件系统，比如数据库管理系统。运行在手机上的应用软件（简称手机软件）也属于应用软件，如今智能手机得到了极大的普及，随着科技的发展，手机的功能越来越强大，手机上的应用软件也越来越普遍。

2. 按软件许可方式划分

不同的软件一般都有对应的软件授权，软件的用户必须在同意所使用软件的许可的情况下才能合法地使用软件。从另一方面来讲，特定软件的许可条款也不能够与法律相违背。

依据许可方式的不同，大致可将软件划分为以下几类：

（1）专属软件：此类授权通常不允许用户随意复制、研究、修改或散布该软件。违反此类授权通常会有严重的法律责任。传统的商业软件公司会采用此类授权，如微软的 Windows 和办公软件。专属软件的源码通常被公司视为私有财产而予以严密的保护。

（2）自由软件：此类授权正好与专属软件相反，赋予用户复制、研究、修改和散布该软件的权利，并提供源码供用户自由使用，仅给予些许的其他限制，如 Linux、Firefox、OpenOffice 等。

（3）共享软件：通常可免费地取得并使用其试用版，但在功能或使用期间上受到限制。开发者会鼓励用户付费以取得功能完整的商业版本。根据共享软件作者的授权，用户可以从各种渠道免费得到它的拷贝，也可以自由传播它。

（4）免费软件：可免费取得和转载，但并不提供源码，也无法修改。

（5）公共软件：原作者已放弃权利、著作权过期或作者已经不可考究的软件，使用上无任何限制。

3. 按软件的规模划分

依据规模的不同，大致可将软件划分为以下几类：

（1）开发人数 1 人，开发周期为 1 个月以内，源程序行数为 500 以下的属于微型软件。

（2）开发人数 1 人，开发周期为 6 个月以内，源程序行数为 2 K 以下的属于小型软件。

（3）开发人数 2 ~ 5 人，开发周期为 1 ~ 2 年，源程序行数为 5 K ~ 50 K 的属于中型软件。

（4）开发人数 5 ~ 20 人，开发周期为 2 ~ 4 年，源程序行数为 50 K ~ 1 000 K 的属于大型软件。

（5）开发人数 100 ~ 1 000 人，开发周期为 5 ~ 10 年，源程序行数为 1 M ~ 10 M 的属于特大型软件。

4. 按软件工作方式划分

依据软件工作方式的不同，大致可将软件划分为以下几类：

（1）实时软件是对当前时间当前任务做的处理，如生产过程控制软件。

（2）分时软件是阶段性地处理任务的软件。它按照一定的时间间隔处理任务，如定时数据采样软件。

（3）交互式软件是可以处理执行任务，也可以产生一个任务让其他设备或软件完成，如交友软件。

（4）批处理软件是一次可以执行多条指令的软件，如批操作系统中的处理程序。

三、软件危机

1. 软件危机的背景

20 世纪 60 年代以前，计算机刚刚投入实际使用，软件设计往往只是为了一个特定的应用而在指定的计算机上设计和编制，采用密切依赖于计算机的机器代码或汇编语言，软件的规模比较小，文档资料通常也不存在，很少使用系统化的开发方法，设计软件往往等同于编制程序，基本上是个人设计、个人使用、个人操作、自给自足的私人化的软件生产方式。

20 世纪 60 年代中期，大容量、高速度计算机的出现使计算机的应用范围迅速扩大，软件开发急剧增长。高级语言开始出现；操作系统的发展引起了计算机应用方式的变化；大量数据处理导致第一代数据库管理系统的诞生。软件系统的规模越来越大，复杂程度越来越高，软件可靠性问题也越来越突出。原来的个人设计、个人使用的方式不再满足要求，迫切需要改变软件生产方式，提高软件生产率，软件危机开始爆发。

IBM OS/360 操作系统被认为是一个典型的软件危机案例。这个经历了数十年、极度复杂的软件项目甚至产生了一套不在原始设计方案之中的工作系统。它是第一个超大型的软件项目，使用了 1 000 人左右的程序员。

美国银行 1982 年进入信托商业领域，并规划发展信托软件系统。项目原定预算 2 000 万美元，开发时程 9 个月，预计于 1984 年 12 月 31 日以前完成，但至 1987 年 3 月都未能完成该系统，且已投入 6 000 万美元。美国银行最终因为此系统不稳定而不得不放弃，并将 340 亿美元的信托账户转移出去，失去了 6 亿美元的信托生意商机。

1968 年，北大西洋公约组织（North Atlantic Treaty Organization，NATO）在联邦德国的国际学术会议中提出软件危机（Software Crisis）一词。而 20 世纪 60 年代中期开始爆发众所周知的软件危机，为了解决问题，在 1968、1969 年连续召开两次著名的 NATO 会议，并同时提出软件工程的概念。

2. 软件危机的主要表现

（1）软件开发进度难以预测，拖延工期几个月甚至几年的现象并不罕见，这种现象降低了软件开发组织的信誉。

（2）软件开发成本难以控制，投资一再追加，令人难以置信。往往是实际成本比预算成本高出一个数量级。而为了赶进度和节约成本所采取的一些权宜之计又往往损害了软件产品的质量，从而不可避免地会引起用户的不满。

（3）软件开发人员和用户之间很难沟通，往往是因为软件开发人员不能真正了解用户的需求，而用户又不了解计算机求解问题的模式和能力，双方无法用共同熟悉的语言进行交流和描述。因沟通不畅导致用户对产品功能难以满意。

（4）软件产品质量无法保证，系统中的错误难以消除，软件是逻辑产品，质量问题难以用统一的标准度量，因而造成质量控制困难。

（5）软件产品难以维护。软件产品本质上是开发人员的代码化的逻辑思维活动，他人难以替代，除非是开发者本人，否则难以及时检测、排除系统故障。为使系统适应新的硬件环境，往往根据用户的需要在原系统中增加一些新的功能，这样又可能增加系统中的错误。

（6）软件缺少适当的文档资料。文档资料是软件必不可少的重要组成部分。软件的文档资料是开发组织和用户之间的权利与义务的合同书，是系统管理者、总体设计者向开发人员下达的任务书，是系统维护人员的技术指导手册，是用户的操作说明书。缺乏必要的文档资料或者文档资料不合格，将给软件开发和维护带来许多严重的困难与问题。

3. 软件危机的原因

1）用户需求不明确

在软件开发过程中，用户需求不明确问题主要体现在四个方面：

（1）在软件开发出来之前，用户自己也不清楚软件开发的具体需求。

（2）用户对软件开发需求的描述不精确，可能有遗漏、二义性，甚至有误。

（3）在软件开发过程中，用户提出修改软件开发功能、界面、支撑环境等方面的要求。

（4）软件开发人员对用户需求的理解与用户本来愿望有差异。

2）缺乏正确的理论指导

软件开发缺乏有力的方法学和工具方面的支持。由于软件开发不同于大多数其他工业产品，其开发过程是复杂的逻辑思维过程，其产品极大程度地依赖于开发人员高度的智力投入。过分地依靠程序设计人员在软件开发过程中的技巧和创造性，加剧了软件开发产品的个性化，这也是发生软件开发危机的一个重要原因。

3）软件开发规模越来越大

随着软件开发应用范围的加大，软件开发规模越来越大。大型软件开发项目需要组织一定的人力共同完成，而多数管理人员缺乏开发大型软件开发系统的经验。各类人员的信息交流不及时、不准确，有时还会产生误解。软件项目开发人员不能有效地、独立自主地处理大型软件开发的全部关系和各个分支，因此容易产生疏漏和错误。

4）软件开发复杂度越来越高

软件开发不仅是在规模上快速地发展扩大，而且其复杂性也急剧增加。软件开发产品的特殊性和人类智力的局限性，导致人们无力处理"复杂问题"。"复杂问题"的概念是相对的，一旦人们采用先进的组织形式、开发方法和工具提高了软件开发效率和能力，新的、更大的、更复杂的问题又摆在人们的面前。

4. 软件危机的解决途径

软件工程诞生于20世纪60年代末期，它作为一个新兴的工程学科，主要研究软件生产的客观规律性，建立与系统化软件生产有关的概念、原则、方法、技术和工具，指导和支持软件系统的生产活动，以期达到降低软件生产成本、改进软件产品质量、提高软件生产率水平的目标。软件工程学从硬件工程和其他人类工程中吸收了许多成功的经验，明确提出了软件生命周期的模型，发展了许多软件开发与维护阶段适用的技术和方法，并应用于软件工程实践，取得了良好的效果。

在软件开发过程中，人们开始研制和使用软件工具，用以辅助进行软件项目管理与技术生产，人们还将软件生命周期各阶段使用的软件工具有机地集合成为一个整体，形成能够连续支持软件开发与维护全过程的集成化软件支撑环境，以期从管理和技术两方面解决软件危机问题。

四、软件工程

1. 软件工程的定义

软件工程一直以来都缺乏一个统一的定义，很多学者、组织机构都分别给出了自己认可的定义。

Barry Boehm 给出的定义：运用现代科学技术知识来设计并构造计算机程序，及为开发、运行和维护这些程序所必需的相关文件资料。

IEEE 在软件工程术语汇编中的定义：软件工程是将系统化的、严格约束的、可量化的方法应用于软件的开发、运行和维护，即将工程化应用于软件。

Fritz Bauer 在 NATO 会议上给出的定义：建立并使用完善的工程化原则，以较经济的手段获得能在实际机器上有效运行的可靠软件的一系列方法。

《计算机科学技术百科全书》：软件工程是应用计算机科学、数学、逻辑学及管理科学等原理，开发软件的工程。软件工程借鉴传统工程的原则、方法来提高质量、降低成本和改进算法。其中，计算机科学、数学用于构建模型与算法，工程科学用于制定规范、设计范型、评估成本及确定权衡，管理科学用于计划、资源、质量、成本等管理。

比较认可的一种定义认为：软件工程是研究和应用如何以系统性、规范化、可定量的过程化方法开发和维护软件，以及如何把经过时间考验而证明正确的管理技术和当前能够得到的最好的技术方法结合起来。

自 1968 年"软件工程"概念被提出以来，研究软件工程的专家们前后提出了 100 多条关于软件工程的准则。美国著名软件工程专家巴利·玻姆综合专家们的意见，于 1983 年提出了软件工程的 7 条基本原理：

（1）用分阶段的生命周期计划严格管理。经统计发现，在不成功的软件项目中有一半左右是由于计划不周造成的。可见把建立完善的计划作为第一条基本原理是吸取了前人的教训而提出来的。在软件开发与维护的漫长生命周期中，需要完成许多性质各异的工作。这条基本原理意味着，应该把软件生命周期划分成若干个阶段，并相应地制定出切实可行的计划，然后严格按照计划对软件的开发与维护工作进行管理。不同层次的管理人员都必须严格按照计划各尽其职地管理软件开发与维护工作，绝不能受客户或上级人员的影响而擅自背离预定计划。

（2）坚持进行阶段评审。当时人们已经认识到，软件的质量保证工作不能等到编码阶段结束之后再进行，首先，大部分错误是在编码之前造成的，例如，根据 Barry Boehm 等人的统计，设计错误占软件错误的63%，编码错误仅占37%；其次，错误发现与改正得越晚，所需付出的代价也越高。因此，在每个阶段都需要进行严格的评审，以便尽早发现在软件开发过程中所犯的错误，这是一条必须遵循的重要原则。

（3）实行严格的产品控制。在软件开发过程中不应随意改变需求，因为改变一项需求往往需要付出较高的代价。但是，在软件开发过程中改变需求又是难免的，只能依靠科学的产品控制技术来顺应这种要求。也就是说，当改变需求时，为了保持软件各个配置成分的一致性，必须实行严格的产品控制，其中主要是实行基准配置管理。所谓基准配置又称为基线配置，它们是经过阶段评审后的软件配置成分（各个阶段产生的文档或程序代码）。基准配置管理也称为变动控制：一切有关修改软件的建议，特别是涉及对基准配置的修改建议，都必须按照严格的规程进行评审，获得批准以后才能实施修改。

（4）采用现代程序设计技术。从提出软件工程的概念初期，人们一直把主要精力用于研究各种新的程序设计技术，并进一步研究各种先进的软件开发与维护技术。实践表明，采用先进的技术不仅可以提高软件开发和维护的效率，而且可以提高软件产品的质量。

（5）结果应能够清楚地审查。软件产品不同于一般的物理产品，它是看不见摸不着的逻辑产品。软件开发人员（或开发小组）的工作进展情况可见性差，难以准确度量，从而使得软件产品的开发过程比一般产品的开发过程更难于评价和管理。为了提高软件开发过程的可见性，更好地进行管理，应该根据软件开发项目的总目标及完成期限，规定开发组织的责任和产品标准，从而使得所得到的结果能够清楚地审查。

（6）开发小组的人员应小而精。这条基本原理的含义是，软件开发小组的组成人员的素质应该好，而人数则不宜过多。开发小组人员的素质和数量是影响软件产品质量和开发效率的重要因素。素质高的人员的开发效率比素质低的人员的开发效率可能高几倍至几十倍，而且素质高的人员所开发的软件中的错误明显少于素质低的人员所开发的软件中的错误。此外，随着开发小组人员数目的增加，因为讨论问题而造成的通信开销也急剧增加。当开发小组人员数为 N 时，可能的通信路径有 $N(N-1)/2$ 条，可见随着人数 N 的增大，通信开销将急剧增加。因此，组成少而精的开发小组是软件工程的一条基本原理。

（7）承认不断改进软件工程实践的必要性。遵循上述 6 条基本原理，就能够按照当代软件工程基本原理实现软件的工程化生产，但是，仅有上述 6 条原理并不能保证软件开发与维护的过程能赶上时代前进的步伐、跟上技术的不断进步。因此，Boehm 提出应把承认不断改进工程实践的必要性作为软件工程的第 7 条基本原理。按照这条原理，不仅要积极主动地采纳新的软件技术，而且要注意不断总结经验，例如，收集进度和资源耗费数据、收集出错类型和问题报告数据等。这些数据不仅可以用来评价新的软件技术的效果，而且可以用来指明必须着重开发的软件工具和应该优先研究的技术。

2. 软件工程的任务

软件工程的任务就是成功地开发大型软件系统，为此要实现如下目标：

（1）降低软件开发成本。

（2）满足用户要求的全部软件功能。

（3）符合用户要求，实现令用户满意的软件性能。

（4）具有较好的易用性、可重用性和可移植性。

（5）较低的维护成本，较高的可靠性。

（6）按合同要求完成开发任务，即时交付用户使用。

3. 软件工程学的内容

软件开发的目标是优质高产，那么，就应该从技术到管理都规划出相应的管理办法，在这个过程当中逐渐形成了"软件工程学"这一计算机学科，包含如下内容。

1）软件开发方法学

在软件发展的第一阶段，程序员一个人完成所有的设计、开发工作，纯属个人活动性质，程序员单打独斗，并无统一的方法可言。到了软件发展的第二阶段，兴起的结构化程序设计，使得程序员认识到采用结构化的方法编写程序不仅可以使程序清晰可读，而且能提高软件的生产效率和可靠性。随着软件发展到第三阶段，人们逐步认识到编写程序只是软件开发过程中的一个环节，编写程序还包括"需求分析""软件设计""程序编码"等多个阶段，把结构化的思想应用到了分析阶段和设计阶段。这时也有了许多软件开发的方法，如 Jackson 方法等。

20 世纪 80 年代出现的 Smalltalk、C＋＋和 Java 语言促进了面向对象程序设计的广泛流行。到了软件发展的第四阶段，包括"面向对象需求分析—面向对象设计—面向对象编码"在内的现代软件工程方法开始形成，并成为现在许多软件工程师的首选方法。面向对象技术还促进了软件复用技术的发展，有组件、控件等软件构建方法，使软件可以复用成为现实。

2）软件工具

常用的软件工具一般有软件开发工具和软件测试工具。软件开发工具是用于辅助软件生命周期过程的基于计算机的工具。通常可以设计并实现工具来支持特定的软件工程方法，减少手工方式管理的负担。在软件开发中，较早时期对软件工具的认识就是程序代码的编译、解释程序等环境工具。例如，使用 C 语言开发一个应用软件的过程，首先要用一个"字符处理编辑程序"生成源代码程序，然后调用 C 语言的编译程序对源代码程序进行编译，使其成为计算机能够执行的目标代码程序。如果在编译时出现错误，就要重新利用该编辑软件修改错误，再使用编译程序重新编译，直到生成正确的目标代码。目前，软件开发工具包（Software Development Kit，SDK）是一些被软件工程师用于为特定的软件包、软件框架、硬件平台、操作系统等建立应用软件的开发工具的集合。

在整个软件项目开发阶段，如需求分析、设计和测试等阶段，也有许多有效的应用支持软件工具。软件测试工具是通过一些工具能够使软件的一些简单问题直观地显示在读者的面前，这样能使测试人员更好地找出软件错误的所在。软件测试工具分为自动化软件测试工具和测试管理工具。软件测试工具存在的价值是为了提高测试效率，用软件来代替一些人工输入。所有这些软件工具构成了软件开发的整个工具集合。

3）软件工程环境

软件工程环境（Software Engineering Environment，SEE）是指以软件工程为依据，支持典型软件生产的系统。方法和工具是软件开发技术中密切相关的两大支柱。当一种软件开发方法提出并证明有效时，往往会随其研制出可应用的相应工具，人们通过使用新工具而了解新方法，从而推动新方法的普及。

软件开发是否成功与开发方法和开发工具是密切相关的，配套的系统软、硬件支持形成的软件开发的环境就更为重要了。下面以操作系统从批处理系统到分时系统的发展过程为例，来说明一下软件开发对系统环境的依赖。在批处理操作系统时代，程序员开发的程序是分批输入中心计算机的，整个作业的执行是不能被干预的，出现了错误就必须等执行完成后再修改。程序员自己编写的程序只能断断续续地跟踪，思路经常被中断，工作效率难以提高。分时操作系统的出现和应用使每个开发人员都可以在自己使用的终端上负责跟踪程序的开发和运行，而程序员之间可以无干扰地完成自己的代码段，仅此一点，就明显提高了开发效率。在软件开发工作中，人们不懈地创造着良好的软件开发环境，如各种 UNIX 版本操作系统、Microsoft Windows 系列操作系统，以及近几年开源文化推出的 Linux 操作系统，还有形式繁多的网络计算环境等。SEE 具有多维性，表现在不仅要集成与软件开发技术相关的工具，还要集成与支持技术、管理技术相关的工具，并将它们有机地结合在一起，这将软件工程环境的研究推到了一个新的领域。

4）软件工程管理

软件工程管理的主要任务有：软件可行性分析与成本估算、软件生产率及质量管理、软件计划及人员管理。任何技术先进的大型项目的开发如果没有一套科学的管理方法和严格的组织领导，是不可能取得成功的。即使在管理技术较成熟的发达国家也如此。在我国管理技术有待提高、资金有限的情况下，大型软件项目开发的管理方法及技术就显得尤为重要。软件工程管理的对象是软件工程项目，因此软件工程管理涉及的范围覆盖了整个软件工程过程。软件工程的管理是一种非线性的管理，它存在于软件生命周期的各阶段，包括成本预算、进度安排、人员组织和质量保证等多方面的内容。就软件工程管理的发展而言，一个较好的工程管理应用应该同时具备支持软件开发、项目管理两方面的工具。软件工程管理的目的就是按照进度和预算来完成软件开发计划，实现预期的经济效益和社会效益。

4. 软件工程的基本原则

为了开发出低成本、高质量的软件产品，在软件的设计和管理中必须遵循软件工程的基本原则：

（1）抽象：抽象是事物最基本的特性和行为，忽略非本质细节，采用分层次抽象，自顶向下，逐层细化的办法控制软件开发过程的复杂性。

（2）信息隐蔽：采用封装技术将程序模块的实现细节隐蔽起来，使模块接口尽量简单。

（3）模块化：模块是程序中相对独立的成分，一个独立的编程单位应有良好的接口定义。模块的大小要适中。模块过大会使模块内部的复杂性增加，不利于模块的理解和修改，也不利于模块的调试和重用；模块太小会导致整个系统表示过于复杂，不利于系统控制。

（4）局部化：保证模块间具有松散的耦合关系，模块内部有较强的内聚性。

（5）确定性：软件开发过程中所有概念的表达应是确定、无歧义且规范的。

（6）一致性：程序内外部接口应保持一致，系统规格说明与系统行为应保持一致。

（7）完备性：软件系统不丢失任何重要成分，完全实现系统所需的功能。

（8）可验证性：应遵循容易检查、测评、评审的原则，以确保系统的正确性。

五、软件生命周期

同任何事物一样，软件产品或软件系统也要经历孕育、诞生、成长、成熟、衰亡等阶段。软件生命周期（Software Life Cycle，SLC）又称为软件生命期，是指从软件开发计划起，到所开发的软件使用以后，直到失去使用价值消亡或再次进行软件开发计划的整个过程，如图 1–3 所示。

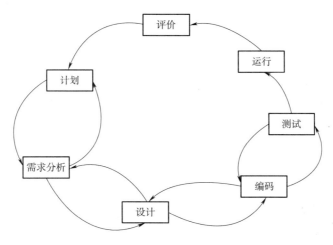

图 1–3　软件的生命周期

一般来说，整个生命周期包括计划（定义）、开发、运行（维护）三个时期，每一个时期又划分为若干阶段。每个阶段有明确的任务，这样使规模大、结构复杂和管理复杂的软件开发变得容易控制和管理。

1. 软件项目的计划阶段

这个阶段的主要任务是：确定工程的可行性，分析软件系统项目的主要目标和开发该系统的可行性，估计完成该项目所需资源和成本。做好此阶段工作的关键是系统分析员和用户（包括投资人、系统应用者等角色）的充分交流、调查用户需求、相互理解与配合。

1）问题定义

问题定义子阶段要回答的关键问题是"要解决的问题是什么"。由系统分析员根据对问题的理解，提出关于"系统目标与范围"的说明，在用户和使用部门负责人的会议上认真讨论这个书面报告，请用户审查和认可，改正不正确的地方，最后形成一份双方都满意的文档。

2）可行性研究

可行性研究子阶段要回答的关键问题是"对于问题定义阶段所确定的问题是否可行"。工作的目的是按照"问题定义"提出的问题，寻求一种或多种在技术上可行、经济上有较高收益的和可操作的解决方案。为此，系统分析员应站在一定高度，做一次简化的需求分析与概要设计，并写出"可行性论证报告"。然后需要制订出"项目实施计划"，否则应提出终止此项目的建议。可行性论证报告应包含关于新系统软、硬件组成的描述，这种描述通常用"系统流程图"表示。可行性研究要从技术上、经济上和社会因素等方面进行研究，通过具体的成本效益数值说明软件项目开发的可行性。通过对原有旧系统的调查，将新建立的系统用规范的描述工具描述，得出新系统的模型，对新建系统的模型进行论证，最终形成可行性研究报告，交给有关人员审查以决定软件项目是否可以进行开发。如果对可行的软件项目进行开发，必须审定项目的开发计划、估算费用、确定资源分配和项目开发的速度安排，这就需要制订出软件项目的开发计划。

可行性研究的结果是部门负责人做出是否继续进行这项工程决定的重要依据，只有投资可能取得较大效益的项目才能继续进行下去，否则，工程项目要及时终止，以避免更大的浪费。

2. 软件项目的开发阶段

软件项目开发阶段是生命周期当中的第二阶段，需要完成"设计"和"实现"两大任务。其中，"设计"任务包括需求分析、软件设计；"实现"任务包括编码和测试。软件开发费用只占整个软件系统费用的三分之一。为了在开发初期让程序员集中精力设计好软件的逻辑结构，避免过早地为"实现"的细节分散精力，软件项目开发阶段把"设计"和"实现"分开。

1）需求分析

需求分析子阶段要回答的关键问题是"为了解决这个问题，目标系统必须做些什么"。所谓的软件需求，就是把用户的"需求"变成系统开发的"需求"，或称为需求规范。需求分析的任务就是项目开发人员要清楚用户对软件系统的全部需求，并用"需求规格说明书"的形式准确地表达出来。"需求规格说明书"应包括对软件的功能需求、性能需求、环境约束和外部接口描述等。这些文档既是用户对软件系统逻辑模型的描述，也是下一步进行"设计"的依据。

这个阶段的任务仍然不是具体地解决问题，而是要确定系统应该做什么。需求分析的工作步骤主要是：分别收集用户、市场对本项目的需求；经过分析建立解题模型；细化模型，抽取需求。在这里，用户的每一条合理需求都将是系统测试的验收准则，所有模型要细化到能写出可验收需求的程度，绝不能太笼统。这样，用户和工作人员之间的沟通就显得尤为重要。

2）软件设计

软件设计又分为概要设计和详细设计。软件设计的主要任务是将需求分析转变为软件的表现形式。通过软件设计确定软件的总体结构、数据结构、用户界面和程序算法等细节。

（1）概要设计。概要设计子阶段要回答的关键问题是"应该如何宏观地解决这个问题"。概要设计是建立软件系统的总体结构，包括软件系统结构设计和软件功能设计，也就是要确定软件系统包含的所有模块结构及其接口规范和调用关系，并且确定各个模块的数据结构和算法定义。概要设计的结果是提交概要设计说明书等文本和图表资料，这些资料是进行详细设计的依据。

（2）详细设计。详细设计子阶段要回答的关键问题是"应该如何具体地实现这个系统"。详细设计的任务主要是确定软件系统模块结构中每一个模块完整而详细的算法和数据结构。此步骤不是编写程序代码，而是设计出程序的详细规格说明。详细设计后的结果是提交可编写程序代码的详细模块设计说明书，这些资料是编码工作的依据。

3）编码

编码子阶段的工作任务是写出正确、容易理解、容易维护的程序模块。由程序员依据模块设计说明书，用选定的程序设计语言对模块算法进行描述，即转换成计算机可以接受的程序代码，形成可执行的源程序。该工作完成后需要提交最终软件系统的源程序代码文档。

4）测试

测试子阶段的关键任务是通过测试及相应的调试，使软件达到预定的要求，它是保证软件质量的重要手段。按照不同的层次要求，可细分为单元测试、综合测试、确认测试和系统测试等。为确保这一工作不受干扰，大型软件项目的测试往往由独立部门人员进行。软件开发中大约要付出40% 的工作量进行测试和排错。测试工作的文档称为测试报告，包括测试计划、测试用例和测试结果等内容，这些文档的作用非常重要，是维护阶段能够正常进行的重要依据。

3. 软件项目的运行维护阶段

在软件开发阶段结束后，软件系统经过确认达到了用户的要求，就可以交付用户使用。一旦将软件产品交付用户使用，产品运行就开始了，其主要工作是系统的维护。维护阶段是软件生存周期中时间最长的阶段，该阶段费用占整个软件系统费用的三分之二。这个阶段的问题是"软件能否顺利地为用户进行服务"。软件系统在运行过程中会受到系统内外环境的变化及人为、技术、设备的影响，这时就需要软件能够适应这种变化，不断完善。开发人员要对软件进行维护，以保证软件正常、安全、可靠地运行，充分发挥其作用。软件的维护有 4 种类型，分别完成以下各种任务：

（1）改正性维护：诊断和改正使用过程中发现的软件错误。

（2）适应性维护：修改软件以适应环境的变化。

（3）完善性维护：根据用户的需求改进或扩充软件使它更完善。

（4）预防性维护：修改软件为将来维护活动预先做好准备。

软件开发结束后，进入维护阶段的最初几年，改正性维护的工作量往往比较大。但随着错误发现率的迅速降低，软件运行趋于稳定，就进入了正常使用阶段。但是，由于用户经常提出改造软件的要求，适应性维护和完善性维护的工作量逐渐增加，而且在这种维护过程中往往又会产生新的错误，从而进一步加大了维护的工作量。由此可见，软件维护绝不仅限于纠正软件使用中发现的错误，事实上，在全部维护活动中，一半以上是完善性维护。

六、软件开发过程模型

典型的几种生命周期模型包括瀑布模型、快速原型模型、螺旋模型、增量模型等。

1. 瀑布模型

瀑布模型首先由 Royce 提出，因酷似瀑布闻名，如图 1-4 所示。该模型将软件生命周期划分为项目计划、需求分析、软件设计、软件实现、软件测试和运行维护等阶段，并且规定这些阶段自上而下、相互衔接。

瀑布模型的优点：

（1）严格规范软件的开发过程，克服了非结构化的编码和修改过程的缺点。

（2）每个阶段形成相应的文档。

（3）强调文档的作用，并仔细验证。每个阶段结束前都要对所完成的文档进行评审，以便尽早发现问题，改正错误。

这种模型的线性过程太理想化，已不再适合现代的软件开发模式，几乎被业界抛弃，其主要问题在于：

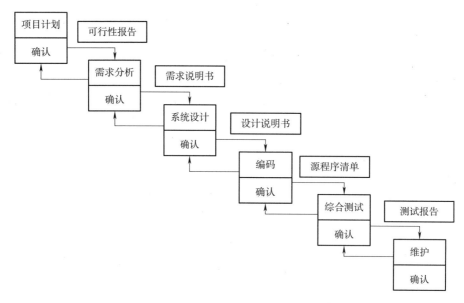

图 1-4　瀑布模型

（1）阶段的划分完全固定，阶段之间产生大量的文档，极大地增加了工作量。

（2）由于开发模型是线性的，用户只有等到整个过程的末期才能见到开发成果，从而增加了开发的风险。

（3）早期的错误可能要等到开发后期的测试阶段才能发现，进而带来严重的后果。

2. 快速原型模型

所谓快速原型，就是快速建立起来的可以在计算机上运行的程序，它所能完成的功能往往是最终产品所完成功能的一个子集。如图 1-5 所示，快速原型模型的第一步收集需求，快速确定原型，再快速构建一个能够反映用户主要需求的原型系统，让用户使用该系统，通过实践来了解目标系统的概貌。用户在使用系统过程中会提出许多修改意见，根据这些意见由开发人员快速地修改原型系统，然后再使用、再修改，重复这个过程直到用户没有新的修改意见。最后，开发人员可以根据这个原型书写需求规格说明书，完成相关文档。

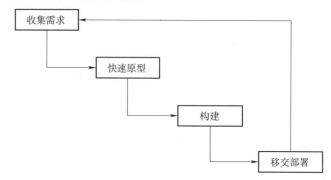

图 1-5　快速原型模型

快速原型方法具有以下特点：

（1）快速原型是用来获取用户需求，或是用来试探设计是否有效。一旦需求或设计确定，原型就将被抛弃。因此，快速原型要求快速构建、容易修改，以节约原型创建成本、加快开发速度。快速原型往往采用一些快速生成工具创建，例如 Visual Basic、Delphi 等基于组件的可视化开发工具是非常有效的快速原型创建工具，常被应用于原型创建和进化。

（2）快速原型是暂时使用的，因此并不要求完整。它往往针对某个局部问题建立专门原型，如界面原型、工作流原型、查询原型等。

（3）快速原型不能贯穿软件的整个生命周期，它需要和其他的过程模型相结合才能产生作用。例如，在瀑布模型中应用快速原型，以解决瀑布模型在需求分析时期存在的不足。

3. 螺旋模型

由于软件风险可能在不同程度上损害软件开发过程，并由此影响软件产品质量，因此，在软件开发过程中需要及时地识别风险、有效地分析风险，并能够采取适当措施消除或减少风险的危害。

如图 1-6 所示，螺旋模型是一种引入了风险分析与规避机制的过程模型，是瀑布模型、快速原型方法和风险分析方法的有机结合。

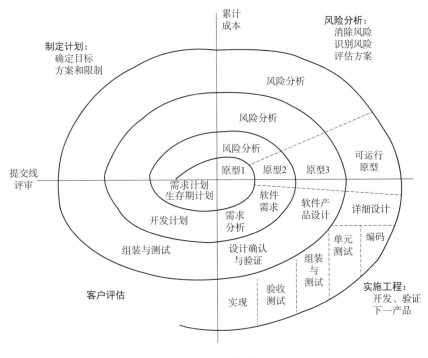

图 1-6　螺旋模型

螺旋模型用螺旋线表示软件项目的进行情况，其中，螺旋线中的每个回路表示软件过程的一个阶段。最里面的回路与项目可行性有关，接下来的一个回路与软件需求定义有关，而再下一个回路则与软件系统设计有关，依此类推。

螺旋线中的每个回路都被分成为四个部分：

（1）制定计划：对项目进行阶段评审，制定项目下一阶段的工作计划。

（2）风险分析：对风险进行详细的评估分析，并确定适当的风险规避措施。

（3）实施工程：根据对风险的认识，决定采用合适的软件开发模型，实施软件开发。

（4）客户评估：评价开发工作，提出修正建议，制定下一步计划。

4. 增量模型

增量模型在整体上按照瀑布模型的流程实施项目开发，以方便对项目的管理；但在软件的实际创建中，则将软件系统按功能分解为许多增量构件，并以构件为单位逐个地创建与交付，直到全部增量构件创建完毕，并都被集成到系统之中交付用户使用，如图1-7所示。增量模型具有以下特点：

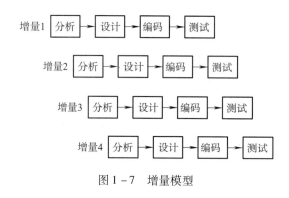

图1-7　增量模型

（1）开发初期的需求定义可以是大概的描述，只是用来确定软件的基本结构，而对于需求的细节性描述，则可以延迟到增量构件开发时进行，以增量构件为单位逐一进行需求补充。

（2）可以灵活安排增量构件的开发顺序，并逐一实现和交付使用。这不仅有利于用户尽早地用上系统，而且用户在以增量方式使用系统的过程中，还能够获得对软件系统后续构件的需求经验。

（3）软件系统是逐渐扩展的，因此，开发者可以通过对诸多构件的开发，逐步积累开发经验，从总体上降低软件项目的技术风险，还有利于技术复用。

（4）核心增量构件具有最高优先权，将会被最先交付，而随着后续构件不断被集成进系统，这个核心构件将会受到最多次数的测试从而具有最高的可靠性。

增量模型的工作流程分为以下三个阶段：

（1）在系统开发前期，为了确保系统具有优良的结构，仍需要针对整个系统进行需求分析和概要设计，需要确定系统的基于增量构件的需求框架，并以需求框架中构件的组成及关系为依据，完成对软件系统的体系结构设计。

（2）在完成软件体系结构设计之后，可以进行增量构件的开发。此时，需要对构件进行需求细化，然后进行设计、编码测试和有效性验证。

（3）在完成了对某个增量构件的开发之后，需要将该构件集成到系统中去，并对已经发生了改变的系统重新进行有效性验证，然后再继续下一个增量构件的开发。

在软件开发过程中会使用适当的软件工具进行辅助开发，这些软件工具能极大地简化开发工作。

1. Visio 工具

Microsoft Visio 是一款专业的办公绘图软件，具有简单性与便捷性等强大的关键特性。它能够帮助用户将自己的思想、设计与最终产品演变成形象化的图像进行传播。

Visio 可以帮助用户轻松地可视化、分析与交流复杂的信息，并可以通过创建与数据相关的 Visio 图表来显示复杂的数据与文本，这些图表易于刷新，并可以轻松地了解、操作和共享企业内的组织系统、资源及流程等相关信息。Office Visio 利用强大的模板（Template）、模具（Stencil）与形状（Shape）等元素，来实现各种图表与模具的绘制功能。

Visio 最初属于 Visio 公司，该公司成立于 1990 年 9 月，起初名为 Axon。原始创始人杰瑞米（Jeremy Jaech）、戴夫（Dave Walter）和泰德（Ted Johnson）均来自 Aldus 公司，其中杰瑞米、戴夫是 Aldus 公司的原始创始人，而泰德是 Aldus 公司的 PageMaker for Windows 开发团队领袖。

1992 年 Aldus 公司更名为 Shapeware，同年 11 月，发布公司的第一个产品：Visio。

1995 年 8 月 18 日，Shapeware 发布 Visio 4，这是一个专为 Windows 95 开发的应用程序。

1995 年 11 月，Shapeware 将公司名字更改为 Visio。

2000 年 1 月 7 日，微软公司收购 Visio，将 Visio 并入 Microsoft Office 同时发行。

如图 1-8 所示，Visio 提供了丰富的模板，可以满足用户多种不同的需求。Visio 已成为目前市场中最优秀的绘图软件之一，凭其强大的功能与简单的操作深受广大用户青睐，已被广泛应用于软件设计、项目管理、企业管理等众多领域中。

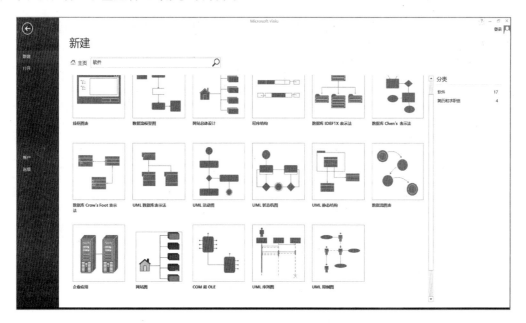

图 1-8 Visio 新建引导界面

2. 使用 Visio 建模示例

在项目前期，组织结构图用于描述目标单位的构成。

如图 1 – 9 所示，在新建 Visio 文档时选择搜索联机模板时选择"业务"→"组织结构图向导"模板，得到图 1 – 10 所示界面。

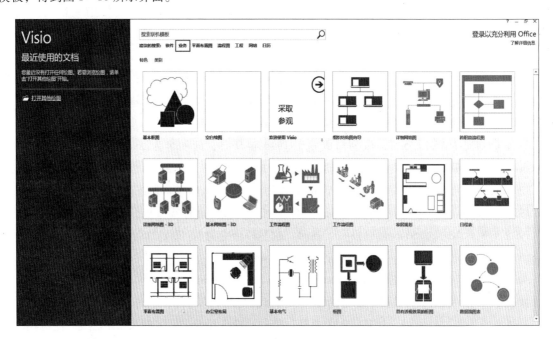

图 1 – 9　新建 Visio 文档

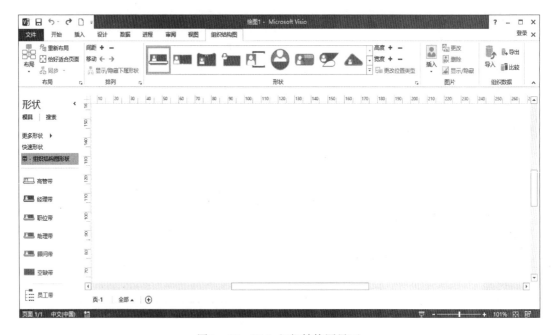

图 1 – 10　Visio 组织结构图界面

利用 Visio 的组织结构图可以绘制物业公司组织架构图，如图 1 - 11 所示。

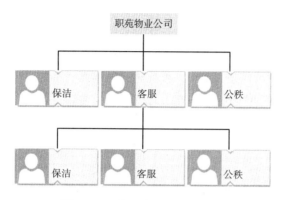

图 1 - 11　物业公司组织架构图

知 识 拓 展

近年来，为了克服传统软件工程方法存在的复用性和可维护性差以及难以满足用户需要等缺点，面向对象的思想越来越受到人们的欢迎和重视。面向对象的思想提倡运用人类的思维方式，从现实世界中存在的事物出发来构造软件。

1. 面向对象开发模型

面向对象开发模型在开发过程中主要包含了面向对象分析（Object-Oriented Analysis，OOA）、面向对象设计（Object-Oriented Design，OOD）、面向对象实现（Object-Oriented Programming，OOP）和面向对象测试（Object-Oriented Test，OOT）4 个阶段。它们之间的顺序关系如图 1 - 12 所示。

（1）"面向对象分析"的主要任务是识别问题域的对象，分析它们之间的关系，最终建立对象模型、动态模型和功能模型。

（2）"面向对象设计"是将面向对象分析的结果转换成逻辑的系统实现方案，即利用面向对象的观点建立求解域模型的过程。面向对象设计的具体工作是问题域的设计、人机交互设计、任务管理设计和数据管理设计等。

（3）"面向对象实现"的主要任务是把面向对象设计的结果利用某种面向对象的计算机语言予以实现。

图 1 - 12　面向对象
开发模型

（4）"面向对象测试"是应用面向对象思想保证软件质量和可靠性的主要措施。

2. 结构化（面向过程）方法和面向对象方法的联系和区别

1）联系

（1）二者在分解和抽象原则上一致。分解和抽象是软件开发中控制问题复杂性的重要原则。分解即化整分零，将问题剥茧抽丝，层层消化；抽象则是通过分解体现，在逐层分解时，上层是下层的抽象，下层是上层的具体解释和体现，运用抽象可以不用一次考虑太多细节，而逐渐地有计划有层次地了解更多细节。面向对象方法与结构化方法在运用分解和抽象原则上的要求是完全一致的。

（2）局部化和重用性设计上的一致。局部化是软件开发中的一个重要原则，即不希望软件的某一部分过多地涉及或影响软件的其他部分。在结构化方法中，局部化主要体现在代码与数据的分隔化，即程序各部分除必要的信息交流外，彼此相互隔离而互不影响。而面向对象方法则采用数据、代码的封装，即将数据、代码和操作方法封装成一个类似"黑箱"的整体对象，提高了程序的可靠性和安全性，同时增强了系统的可维护性。也就是说，面向对象方法比结构化方法的运用更加深入和彻底。

2）区别

（1）处理问题时的出发点不同。结构化方法强调过程抽象化和模块化，以过程为中心；面向对象方法强调把问题域直接映射到对象及对象之间的接口上，用符合人们通常思维的方式来处理客观世界的问题。

（2）处理问题的基本单位和层次逻辑关系不同。结构化方法把客观世界的问题抽象成计算机可以处理的过程，处理问题的基本单位是能够表达过程的功能模块，用模块的层次结构概括模块或模块间的关系和功能；面向对象方法是用计算机逻辑来模拟客观世界中的物理存在，以对象的集合类作为处理问题的基本单位，尽可能使计算机世界向客观世界靠拢，它用类的层次结构来体现类之间的继承和发展。

（3）数据处理方式与控制程序方式不同。结构化方法是直接通过数据流来驱动，各个模块程序之间存在控制与被控制的关系；面向对象方法是通过用例（业务）来驱动，是以人为本的方法，站在客户的角度去考虑问题。

习　题

一、选择题

1. "软件工程的概念是为了解决软件危机而提出的。"这句话的意思是（　　　）。

    A. 说明软件工程的概念，即工程的原则和思想、方法可能解决当时软件开发和维护中存在的问题

    B. 强调软件工程成功地解决了软件危机问题

    C. 说明软件工程这门学科的形成是软件发展的需要

    D. 说明软件危机存在的主要问题是软件开发

2. 同一软件的大量软件产品的生产主要是通过（　　　）得到。

    A. 研究   B. 复制   C. 开发   D. 研制

3. 软件工程的目标是（　　　）。

    A. 生产满足用户需要的产品

    B. 生产正确的、可用性好的产品

    C. 以合适的成本生产满足用户需要的、可用性好的产品

    D. 以合适的成本生产可用性好的产品

4. 软件开发中大约要付出 （　　） 的工作量进行测试和排错。

    A. 20%　　　　　　　　B. 30%　　　　　　　　C. 40%　　　　　　　　D. 50%

5. 软件作坊生产方式出现在软件发展 （　　） 阶段。

    A. 程序设计　　　　　B. 现代软件工程　　　C. 程序系统　　　　　D. 软件工程

6. 软件开发费用只占整个软件系统费用的 （　　）。

    A. 1/2　　　　　　　　B. 1/3　　　　　　　　C. 1/4　　　　　　　　D. 2/3

7. 软件生命周期中时间最长的是 （　　） 阶段。

    A. 测试　　　　　　　B. 可行性研究　　　　C. 概要设计　　　　　D. 维护

8. 瀑布模型的主要特点是 （　　）。

    A. 灵活性　　　　　　　　　　　　　　　B. 快速获得系统原型

    C. 提供了有效的管理模式　　　　　　　D. 将开发过程严格地划分为一系列有序的活动

9. 硬件与软件的最大区别是 （　　）。

    A. 软件产品容易复制，硬件产品很难复制

    B. 软件产品是以手工生产方式生产的，硬件产品则是以大工业生产方式生产的

    C. 软件产品不存在老化问题，硬件产品存在老化问题

    D. 软件产品是逻辑产品，硬件产品是物质产品

10. 软件是指 （　　）。

    A. 使程序能够正确操纵信息的数据结构

    B. 按事先设计的功能和性能要求执行的指令系列

    C. 与程序开发、维护和使用有关的图文资料

    D. 计算机系统中的包括程序、数据和文档的完整集合

二、问答题

1. 软件的发展主要经历了哪几个阶段？

2. 什么是软件？软件有哪些特点？

3. 什么是系统软件与应用软件？

4. 什么是软件危机？软件危机有哪些表现形式？

5. 软件生命周期各个阶段是如何划分的？试述各阶段的基本任务。

6. 常见的软件开发过程模型有哪些？各自有什么特点？

单元 2
项目计划分析

　　本单元介绍软件的问题定义，可行性分析，项目计划制定，需求分析的任务、难点、分类和原则，结构化需求分析的方法等内容。问题定义、可行性分析和项目计划制定都属于计划阶段的内容，而需求分析属于设计阶段的内容。但因为在问题定义、可行性分析阶段就要对项目进行一定的需求分析，因此这两个阶段的内容在一起进行介绍。

学习目标

- 理解软件计划阶段的任务；
- 掌握问题定义的方法步骤；
- 熟悉可行性分析方法；
- 理解软件需求分析任务和工作法则；
- 掌握结构化需求分析方法。

任务1　项目计划

任务导入

　　职苑物业管理系统项目是为物业公司开发的业务系统，包括小区管理、楼宇管理、房屋管理、业主管理、缴费、信息查询等功能。在项目开发开始时要对问题进行定义，以便确定系统规模和目标，然后进行可行性分析，再制定软件的开发计划。

知识技能准备

一、软件计划阶段的任务

　　在软件项目开发过程中，如果资源和时间不被限制，所有项目都是可行的。然而，由于资源缺乏和交付时间的限制，基于计算机系统的开发变得越来越困难。因此，尽早对软件项目的可行性进行细致而谨慎的评估是十分必要的。如果在定义阶段及早发现将来可能在开发过程中遇到的问题，并及时做出终止项目建议，就可以避免大量人力、物力、财力和时间的浪费。计划阶段流程图如图 2 – 1 所示。

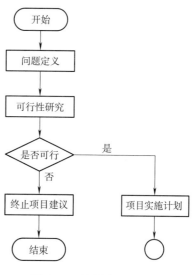

图 2 – 1　计划阶段流程图

二、问题定义

在软件项目开始前，软件团队开发人员必须和用户通力合作，应明确问题的定义，了解软件的性质、工程目标和规模，确定系统软件、硬件的功能和接口，为可行性分析提供依据。

1. 问题定义步骤

问题定义涉及的问题不完全属于软件工程的范畴，它为系统提供总体概貌，步骤如下：

（1）明确系统目标规模和基本要求。

（2）分析现有系统。

（3）进行初步的系统分析。

（4）导出和评价各种方案。

（5）确定开发费用和进度。

（6）推荐可行方案。

问题定义是整个工程的基础，应充分理解所涉及的问题，对软件的各种解决方案进行评价、论证，以便进行复审。

2. 明确系统目标规模和基本要求

开发团队收集的软件相关方对于软件的一系列意图、想法转变为软件开发人员所需要的有关软件的技术规格。需要注意的是，项目前期的需求不是严格的需求分析的产物，可能不完整、不清晰，允许有遗漏，忽略其中大部分细节，开发团队可以在后续工作进行修改和补充。

1）基本要求

（1）系统的功能需求。

（2）系统的性能需求。

（3）输入：数据的来源、类型、数量、组织形式和提供的频度。

（4）输出：用户接口的输出、报表、文件或数据等。

（5）处理流程和数据流程。

（6）与其他系统的接口。

2）目标

（1）降低费用。

（2）减少人力。

（3）提高开发速度。

问题定义后，软件的功能也初步确定，为系统功能和性能需求分析奠定基础。

3. 对现有系统的分析

对现有系统及其存在的问题进行简单描述，阐述开发新系统或修改现有系统的必要性。

（1）基本的处理流程和数据流程。

（2）所承担的工作和工作量。

（3）费用开支。

（4）人员：各种人员的专业技术类别和数量。

（5）设备：列出各种设备类型和数量。

（6）局限性：列出现有系统存在的问题和开发新系统时的限制条件。

4. 设计新系统可能的解决方案

系统分析员在分析现有系统的基础上，针对新系统的开发目标，设计出新系统的各种解决方案。可用高层数据流图和数据字典来描述系统的基本功能和处理流程。先从技术的角度出发提出不同的解决方案，再从经济可行性和操作可行性进行考虑，优化和推荐方案。最后要将上述分析设计结果整理成清晰的文档，供用户方的决策者选择。注意，现在尚未进入需求分析阶段，对系统的描述不是完整的、详细的，只是概括的、高层的描述。

问题定义在实践中是最容易被忽视的一个步骤。问题定义要确定"软件要解决的问题是什么"。如果不知道软件要解决什么，或者只了解一点皮毛，就急于去开发软件，显然是盲目的，只能白白浪费时间和费用，最终开发出的软件肯定是毫无实际意义。

5. 成本估算

在软件的计划阶段，必须就需要的人力、项目持续时间做出成本估算。

1）自顶向下估算方法

估算人员参照以前完成的项目所耗费的总成本，来推算将要开发的软件的总成本，然后把它们按阶段、步骤和工作单元进行分配，这种方法称为自顶向下估算方法。

其优点是对系统级工作的重视，所以估算中不会遗漏系统级的诸如集成、用户手册和配置管理之类事务的成本估算，且估算工作量小、速度快；其缺点是往往不清楚低级别上的技术性困难问题，而往往这些困难将会使成本上升。

2）自底向上估算方法

自底向上估算方法是将待开发的软件细分，分别估算每一个子任务所需要的开发工作量，然后将它们加起来，得到软件的总开发量。这种方法的优点是将每个部分的估算工作交给负责该部分工作的人来做，所以估算较为准确。其缺点是其估算往往缺少与软件开发有关的系统级工作量，所以估算往往偏低。

3）差别估算方法

差别估算是将开发项目与一个或多个已完成的类似项目进行比较，找到与某个相类似项目的若干不同之处，并估算每个不同之处对成本的影响，导出开发项目的总成本。该方法的优点是可以提高估算的准确度，缺点是不容易明确"差别"的界限。

4）专家估算法

依靠一个或多个专家对项目做出估算，其精度主要取决于专家对估算项目的定性参数的了解和他们的经验。

5）类推估算法

在自顶向下法中，类推估算法将估算项目的总体参数与类似项目进行直接比较得到结果；在自底向上法中，类推是在两个具有相似条件的工作单元之间进行。

6）算式估算法

专家估算法和类推估算法是带有主观猜测和盲目性的估算方法，而算式估算法则是企图避免主观因素影响的一种方法。算式估算法有两种基本类型：由理论导出的算法和由经验得出的算法。

这些估算方法中，自顶向下和自底向上估算方法是两种基本的估算方法，在具体估算时要和其他算法结合做出估算。

三、可行性分析

1. 可行性研究

可行性研究实质上是进行一项大大压缩简化了的系统分析和设计工作，也就是在较高层次上以较抽象的方式进行的系统分析和设计的过程。首先需要进一步分析和澄清问题定义。在问题定义阶段初步确定的规模和目标，如果是正确的就进一步加以肯定，如果有错误就应该及时改正，如果对目标系统有任何约束和限制，也必须把它们清楚地列举出来。在澄清了问题定义之后，分析员应该导出系统的逻辑模型。然后从系统逻辑模型出发，探索若干种可供选择的主要解法（即系统实现方案）。可行性研究的任务：一般都要从经济、技术、操作和法律四个方面来研究每种解法的可行性，做出明确结论来供用户参考，包括：经济可行性、技术可行性、操作可行性和法律可行性。

1）经济可行性

成本－效益分析是可行性研究的重要内容，它用于评估基于项目的经济合理性，给出项目开发的成本论证，并将估算的成本与预期的利润进行对比。

基于项目的成本通常由 4 个部分组成：购置并安装软硬件及有关设备的费用，项目开发费用，软硬件系统安装、运行和维护费用，人员的培训费用。在项目的分析和设计阶段只能得到上述费用的预算，即估算成本。在项目开发完毕并将系统交付用户运行后，上述费用的统计结果就是实际成本。

2）技术可行性

技术可行性主要研究待开发的系统的功能、性能和限制条件，确定现有技术能否实现有关的解决方案、在现有的资源条件下实现新系统的技术风险有多大。这里的资源条件是指已有的或可以得到的软硬件资源，现有的开发项目的人员的技术水平和已有的工作基础。

在评估技术可行性时，需要考虑以下情况：了解当前最先进的技术，分析相关技术的发展是否支持新系统；确定资源的有效性，如新系统的软硬件资源是否具备、开发项目的人员在技术和时间上是否可行等；分析项目开发的技术风险，即能在给定的资源和时间等条件下，设计并实现系统的功能和性能等。

3）操作可行性

操作可行性是对开发系统在一个给定的工作环境中能否运行或运行好坏程度的衡量。操作可行性研究决定在当前的政治意识形态、法律法规、社会道德、民族意识以及系统运行的组织机构或人员等环境下，系统的操作是否可行。操作可行性往往最容易被忽视或被低估，或者认为它一定是可行的。

4）法律可行性

法律可行性分析主要确认待开发系统可能会涉及的任何侵犯、妨碍、责任等问题。法律可行性所涉及的范围比较广，包括合同、责任、侵权以及其他一些技术人员常常不了解的陷阱。

2. 可行性论证

（1）复查系统规模和目标：系统分析员对前面提交的文档（系统目标与范围说明书）进一步复查确认，改正含糊不清的叙述，清楚地描述系统的一切限制和约束，确保解决问题的正确性。

（2）研究目前正在使用的系统：现有的系统是信息的来源，通过对现有系统的文档资料的审读、分析和研究，再加实地考虑该系统，总结出现有系统的优点和不足，从而得出新系统的雏形。这样调查研究是了解一个陌生应用领域的最快方法，它既可以使新系统脱胎而生，但又不会全盘照抄。

（3）导出新系统的高层逻辑模型：优秀的设计通常总是从现有的物理系统出发，导出现有系统的高层逻辑模型，逻辑模型由数据流图（Data Flow Diagram，DFD）来描述。

（4）推荐建议方案：在对上一步提出的各种方案分析比较的基础上，提出向用户推荐的方案，在推荐的方案中应清楚地表明：本项目的开发价值；推荐这个方案的理由；制定实现进度表（主要用来估算生命周期每个阶段的工作量）。

（5）把材料进行分析汇总后草拟一份计划任务书。

（6）提交申请：把上述的文档请用户和使用部门的负责人仔细审查，也可以召开论证会。通常论证会成员有用户、使用部门负责人及有关方面专家，对该方案进行论证，最后由论证会员签署意见，指明该任务计划书是否通过。

3. 可行性分析的结论

可行性分析的结论一般有如下 3 种：

（1）可以按计划进行软件项目的开发。

（2）需要解决某些存在的问题（如资金短缺、设备陈旧和开发人员短缺等）或者需要对现有的解决方案进行一些调整、改善后才能进行软件项目的开发。

（3）待开发的软件项目不具有可行性，立即停止该软件项目的开发。

上述可行性分析步骤只是一个经过长期实践总结出来的框架，在实际使用的过程中不是固定的，根据项目的性质、特点以及开发团队对业务领域的熟悉程度会有所变化。

4. 可行性分析文档

可行性分析文档可以作为一个单独的报告提供给上级管理部门，也可以包括在"系统规格说明"的附录中。可行性分析报告的形式有很多种，一般应包含的内容在"知识拓展"部分详细介绍。

四、可行性分析工具

1. 系统流程图

系统流程图常用符号见表2-1。

表2-1 流程图符号

流 程 符 号	含 义	流 程 符 号	含 义
	数据加工		换页连接
	输入/输出符号		磁带符号
	连接点符号		文档符号
	人工操作		多文档符号
	显示器或终端机		控制流符号
	数据库或磁盘		流程开始于结束

当我们在进行可行性研究时，需要了解和分析现有的系统，而系统流程图就是以图的形式表达对现有系统的认识，而且它能很清楚地表达信息在系统各部件之间流动的情况。

2. 系统结构图

为了开发系统模型，可以使用一个"结构模板"，如图2-2所示。系统工程师把各种系统元素分配到模板内的五个处理区域：用户界面、输入处理、处理与控制、输出处理、维护与自测试。结构模板能够帮助系统分析员建立一个逐层细化的层次结构

图2-2 系统开发结构模板

的系统模型。

五、软件项目开发计划

1. 制定开发初步计划

可行性分析通过后，就需要制定项目实施计划。将软件系统生命周期划分为阶段，有助于制定出相对合理的开发计划安排。表 2 - 2 所示为物业管理系统开发计划。

表 2 - 2　物业管理系统开发计划

阶　　段	所需时间（工作日）/天
可行性分析	5
需求分析	10
概要设计	5
详细设计	10
集成测试	10
安装部署	5
总　　计	45

2. 软件项目开发计划书

软件项目开发计划书是一种管理性文档，其主要内容通常如下：

（1）项目概述。项目概述包括项目目标、主要功能、系统特点以及关于开发工作的安排。

（2）系统资源。系统资源包括开发和运行该系统所需要的各种资源，如硬件、软件、人员和组织机构等。

（3）费用预算。费用预算说明完成该项目的总费用及资金计划。

（4）进度安排。进度安排说明开发项目的周期、开始以及完成时间。

（5）交付的产品清单。

软件项目开发计划书一般供软件开发单位使用。

任务实施

1. 物业管理系统的问题定义

开发一个具有用户管理、小区管理、建筑管理、车位管理、住户管理、设备管理、系统登录等功能的软件。

2. 物业管理系统可行性分析

（1）技术可行性：开发物业管理系统，需要建立数据库存储数据，并确定系统各模块的使用权限，设计友好的用户接口，方便用户使用。这些在技术上都是可行的。

（2）经济可行性：如图 2 - 3 所示，物业公司的日常管理费用每年 10 万元，物业管理系统的开发费

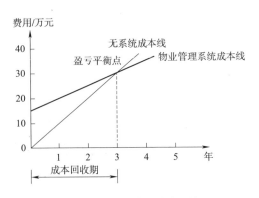

图 2 - 3　物业管理系统经济
可行性成本效益图

用 15 万元。物业管理系统部署后每年日常管理费用降至 5 万元，3 年后节省的管理费用就和开发费用相等，达到盈亏平衡。

3. 制定开发计划

（1）如图 2-4 所示，启动 Project 2013，新建"空白项目"文档。

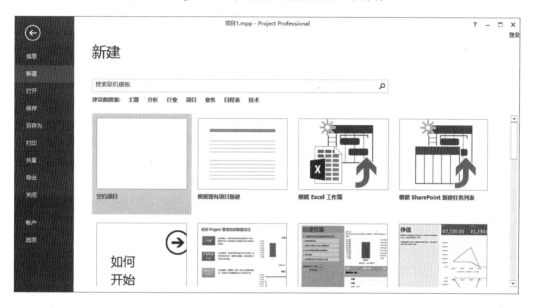

图 2-4　新建"空白项目"文档

（2）如图 2-5 所示，进入 Project 主界面，选择"甘特图工具"选项卡，打开"任务信息"对话框，填入任务"名称""工期""开始时间"等信息。

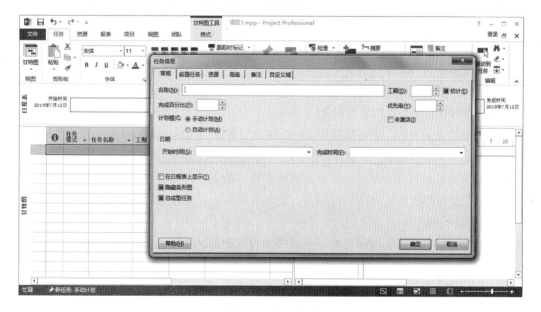

图 2-5　任务信息

（3）创建多个任务，任务"名称"依次填入："可行性分析""需求分析""总体设计""详细设计""集成测试""安装部署"，在各项任务的"工期"栏中分别输入：5 个工作日、10 个工作日、5 个工作日、10 个工作日、10 个工作日、5 个工作日，并填入任务的开始时间，如图 2-6 所示。

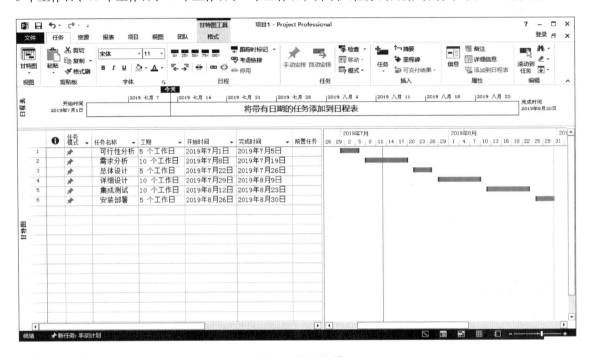

图 2-6　任务安排

知 识 拓 展

下面对可行性分析报告的内容要求及写法进行简要说明。

（1）引言：说明编写本文档的目的，项目的名称、背景，本文档用到的专业术语和参考资料。

（2）可行性分析前提：说明开发项目的功能、性能和基本要求、达到的目标，各种限制条件、可行性分析方法和决定可行性的主要因素。

（3）对现有系统的分析：说明现有系统的处理流程和数据流程、工作负荷、各项费用的支出、所需各类专业技术人员和数量、所需各种设备，现有系统存在的问题。

（4）所建设系统的可行性分析：简要说明所建设系统的处理流程和数据流程，与现有系统比较的优越性，采用所建议系统对用户的影响，对各种设备、现有软件、开发环境和运行环境的影响，对经费支出的影响，对技术可行性的评价。

（5）所建设系统的经济可行性分析：说明所建设系统的各种支出、各种效益、收益/投资比、资金回收周期。

（6）社会因素可行性分析：说明法律因素对合同责任、侵犯专利权和侵犯版权等问题的分析。说明用户使用可行性是否满足用户行政管理、工作制度等要求。

（7）其他可选方案：逐一说明其他可选方案，并说明未被推荐的理由。

（8）结论意见：说明项目是否能开发，还需要什么条件才能被开发，对项目目标有何变动等。

习　　题

一、选择题

1. 以下不属于项目开发计划主要内容的是（　　）。

    A. 实施计划　　　　　　B. 交付期限　　　　　C. 测试用例　　　　　D. 人员组织及分工

2. 系统定义明确之后，应对系统的可行性进行研究，可行性研究应包括（　　）。

    A. 技术可行性、经济可行性、社会可行性

    B. 经济可行性、安全可行性、操作可行性

    C. 经济可行性、社会可行性、系统可行性

    D. 经济可行性、实用性、社会可行性

3. 经济可行性研究的范围包括（　　）。

    A. 资源有效性　　　　　B. 管理制度　　　　　C. 效益分析　　　　　D. 开发风险

4. 可行性分析研究的目的是（　　）。

    A. 争取项目　　　　　　B. 项目值得开发否　　C. 开发项目　　　　　D. 规划项目

二、问答题

1. 软件计划时期有哪些主要步骤？

2. 什么是问题的定义？

3. 什么是可行性分析？包含哪些内容？

4. 可行性分析的结论有哪几种？

任务2　需 求 分 析

任务导入

软件需求分析是软件开发早期的一个重要阶段。它在问题定义和可行性研究阶段之后进行。需求分析的基本任务是软件人员和用户一起完全确认用户对系统的确切要求。这是关系到软件开发成败的关键步骤，也是整个系统开发的基础。本任务将以物业管理系统的缴费子系统为研究目标，用数据流图和数据字典为工具进行需求分析。

知识技能准备

软件需求分析是软件开发周期的第一个阶段，是一个非常重要的过程，关系到软件开发成败和质量。为了开发出真正满足用户需要的软件产品，明确地了解用户需求是关键。通俗地讲，"需求"就是用户的需要，包括用户要解决的问题、达到的目标，以及实现这些目标所需要的条件，它是一个程序或系统开发工作的说明，表现形式为文档形式。虽然在可行性研究中，已经对用户需求有了初步的了解，但是很多细节还没有考虑到。可行性研究的目的是评估系统是否值得去开发，问题是否能够解决，而不是对需求进行定义。如果说可行性分析是要决定"做还是不做"，那么需求

分析就是要回答"系统必须做什么"这个问题。

一、需求分析概述

1. 需求分析的任务

需求分析的任务是将用户的需求变为软件的描述。为了将软件功能和性能等需求描述清楚，系统分析人员需要用文字、图形符号来详细说明。在需求分析的建模阶段，即在充分了解需求的基础上，要建立起系统的分析模型。在需求分析的描述阶段，就是把需求文档化，用软件需求规格说明书的方式把需求表达出来。

软件需求规格说明书是需求分析阶段的输出，它全面、清晰地描述了用户需求，因此是开发人员进行后续软件设计的重要依据。软件需求规格说明书应该具有清晰性、无二义性、一致性和准确性等特点。同时，它还需要通过严格的需求验证、反复修改的过程才能最终确定。

需求分析是一个不断认识和逐步细化的过程。在这个过程中，能将软件计划阶段所确定的软件范围逐步细化到可详细定义的程度，并分析和提出各种不同的软件元素，然后为这些元素找到可行的解决方法。

2. 需求分析的特点

需求分析是一项重要的工作，也是最困难的工作。该阶段工作有以下特点。

1）确定问题难

在软件生命周期中，其他阶段都是面向软件技术问题，只有本阶段是面向用户的。需求分析是对用户的业务活动进行分析，明确在用户的业务环境中软件系统应该"做什么"。在开始时，开发人员和用户双方往往都不能准确地提出系统要"做什么"。因为软件开发人员不是用户问题领域的专家，不熟悉用户的业务活动和业务环境，又不可能在短期内搞清楚；而用户不熟悉计算机应用的有关问题。由于双方互相不了解对方的工作，又缺乏共同语言，所以在交流时存在隔阂。

2）需求动态化

对于一个大型而复杂的软件系统，用户很难精确完整地提出它的功能和性能要求。开始只能提出一个大概、模糊的功能，必须经过长时间的反复认识才逐步明确。有些用户企业处于企业发展的成长期，企业需求不成熟、不稳定和不规范，致使需求具有动态性。有时进入设计、编程阶段才能明确，更有甚者，到开发后期还在提新的要求。这无疑给软件开发带来困难。

3）需求难以进行深入的分析与完善

由于不全面准确的分析、客户环境和业务流程的改变、市场趋势的变化，导致随着需求分析的不断深入需要重新修订之前的需求。分析人员应认识到需求变化的必然性，并采取措施减少需求变化对软件开发的影响。对必要的变更需求要经过认真评审、跟踪和比较分析后才能实施。

4）后续影响复杂

需求分析是软件开发的基础。假定在该阶段发现一个错误，解决它需要 1 小时，到设计、编程、测试和维护阶段解决，则要花十倍、百倍的时间。

因此，对于大型复杂系统而言，首先要进行可行性研究。开发人员对用户的要求及现实环境进行调查、了解，从技术、经济、操作和社会因素四个方面进行研究并论证该软件项目的可行性，根据可行性研究的结果，决定项目的取舍。

在软件开发项目的需求分析过程中，出现方法和步骤上的失误（如各种信息收集不全、功能不明确、需求文档不完善等）都可能成为软件开发实施中的隐患，软件项目中40%～60%的问题都是在需求阶段埋下的祸根，因此准确、完整和规范化的软件需求是软件开发成功的关键。

3. 需求分析的工作法则

客户与开发人员交流需要好的方法。下面将给出20条法则，客户和开发人员可以通过评审这些法则达成共识。如果遇到分歧，可通过协商达成对各自义务的相互理解，以便减少以后的摩擦（如一方要求而另一方不愿意或不能够满足要求）。

1）分析人员要使用符合客户语言习惯的表达

需求讨论集中于业务需求和任务，因此要使用术语。客户应将有关术语教给分析人员，而客户不一定要懂得计算机行业的术语。

2）分析人员要了解客户的业务及目标

只有分析人员更好地了解客户的业务，才能使产品更好地满足需要，使开发人员设计出真正满足客户需要并达到期望的优秀软件。为帮助开发和分析人员，客户可以邀请他们观察自己的工作流程。如果是切换新系统，那么开发和分析人员应使用一下旧系统，使他们明白系统是怎样工作的、其流程情况以及可供改进之处。

3）分析人员必须编写软件需求报告

分析人员应将从客户那里获得的所有信息进行整理，以区分业务需求及规范、功能需求、质量目标、解决方法和其他信息。通过这些分析，客户就能得到一份"需求分析报告"，此份报告使开发人员和客户之间针对要开发的产品内容达成协议。报告应以一种客户认为易于翻阅和理解的方式组织编写。客户要评审此报告，以确保报告内容准确完整地表达其需求。一份高质量的"需求分析报告"有助于开发人员开发出真正需要的产品。

4）要求得到需求工作结果的解释说明

分析人员可能采用了多种图表作为文字性"需求分析报告"的补充说明，因为工作图表能很清晰地描述出系统行为的某些方面，所以报告中各种图表有着极高的价值；虽然它们不太难于理解，但是客户可能对此并不熟悉，因此客户可以要求分析人员解释说明每个图表的作用、符号的意义和需求开发工作的结果，以及怎样检查图表有无错误及不一致等。

5）开发人员要尊重客户的意见

如果用户与开发人员之间不能相互理解，那关于需求的讨论将会有障碍。共同合作能使大家"兼听则明"。参与需求开发过程的客户有权要求开发人员尊重他们，并珍惜他们为项目成功所付出的时间，同样，客户也应对开发人员为项目成功这一共同目标所做出的努力表示尊重。

6）开发人员要对需求及产品实施提出建议和解决方案

通常客户所说的"需求"已经是一种实际可行的实施方案，分析人员应尽力从这些解决方法中了解真正的业务需求，同时还应找出已有系统与当前业务不符之处，以确保产品不会无效或低效；在彻底弄清业务领域内的事情后，分析人员就能提出相当好的改进方法，有经验且有创造力的分析人员还能提出增加一些用户没有发现的很有价值的系统特性。

7）描述产品使用特性

客户可以要求分析人员在实现功能需求的同时还注意软件的易用性，因为这些易用特性或质量属性能使客户更准确、高效地完成任务。例如：客户有时要求产品"界面友好"、"健壮"或"高效率"，但对于开发人员来讲，太主观了并无实用价值。正确的做法是，分析人员通过询问和调查了解客户所要的"友好、健壮、高效"所包含的具体特性，具体分析哪些特性有负面影响，在性能代价和所提出解决方案的预期利益之间做出权衡，以确保进行合理的取舍。

8）允许重用已有的软件组件

需求通常有一定灵活性，分析人员可能发现已有的某个软件组件与客户描述的需求很相符，在这种情况下，分析人员应提供一些修改需求的选择以便开发人员能够降低新系统的开发成本和节省时间，而不必严格按原有的需求说明开发。所以说，如果想在产品中使用一些已有的商业常用组件，而它们并不完全适合客户所需的特性，这时一定程度上的需求灵活性就显得极为重要了。

9）要求对变更的代价提供真实可靠的评估

对需求变更的影响进行评估，从而对业务决策提供帮助是十分必要的。所以，客户有权利要求开发人员通过分析给出一个真实可信的评估，包括影响、成本和得失等。开发人员不能由于不想实施变更而随意夸大评估成本。

10）获得满足客户功能和质量要求的系统

每个人都希望项目成功，但这不仅要求客户清晰地告知开发人员关于系统"做什么"所需的所有信息，而且还要求开发人员能通过交流了解清楚取舍与限制。客户一定要明确说明自己的假设和潜在的期望，否则，开发人员开发出的产品很可能无法让其满意。

11）充分了解业务

分析人员要依靠客户讲解业务概念及术语，但客户不能指望分析人员会成为该领域的专家，而只能让他们明白自己的问题和目标。不要期望分析人员能把握客户业务的细微潜在之处，他们可能不知道那些对于客户来说理所当然的"常识"。

12）清楚地说明并完善需求

客户很忙，但无论如何，客户有必要抽出时间参与讨论、接受采访或其他获取需求的活动。有些分析人员可能先明白了客户的观点，而过后发现还需要客户的讲解，这时双方一定要耐心对待一些需求和需求的细化工作过程中的反复，因为它是人们交流中很自然的现象，何况这对软件产品的成功极为重要。

13）准确而详细地说明需求

编写一份清晰、准确的需求文档是很困难的。处理细节问题不但烦琐而且耗时，因此很容易留下模糊不清的需求。但是在开发过程中，必须解决这种模糊性和不准确性，而客户恰恰是为解决这些问题做出决定的最佳人选，否则，就只好靠开发人员去正确猜测了。

在需求分析中暂时加上"待定"标志是个方法。用该标志可指明哪些是需要进一步讨论、分析或增加信息的地方，有时也可能因为某个特殊需求难以解决或没有人愿意处理它而标注上"待定"。客户要尽量将每项需求的内容都阐述清楚，以便分析人员能准确地将它们写进"软件需求报告"中去。如果客户一时不能准确表达，通常就要求用原型技术，通过原型开发，客户可以同开发人员一起反复修改，不断完善需求定义。

14）及时做出决定

分析人员会要求客户做出一些选择和决定，这些决定包括来自多个用户提出的处理方法或在质量特性冲突和信息准确度中选择折中方案等。有权做出决定的客户必须积极地对待这一切，尽快做处理、做决定，因为开发人员通常只有等客户做出决定后才能行动，而这种等待会延误项目的进展。

15）尊重开发人员的需求可行性及成本评估

所有的软件功能都有其成本。客户所希望的某些产品特性可能在技术上行不通，或者实现它要付出极高的代价，而某些需求试图达到在操作环境中不可能达到的性能，或试图得到一些根本得不到的数据。开发人员会对此做出负面的评价，客户应该尊重他们的意见。

16）划分需求的优先级

绝大多数项目没有足够的时间或资源实现功能性的每个细节。决定哪些特性是必要的、哪些是重要的，是需求开发的主要部分，这只能由客户负责设定需求优先级，因为开发人员不可能按照客户的观点决定需求优先级；开发人员将为客户确定优先级提供有关每个需求的花费和风险的信息。

在时间和资源限制下，关于所需特性能否完成或完成多少应尊重开发人员的意见。尽管没有人愿意看到自己所希望的需求在项目中未被实现，但毕竟要面对现实，业务决策有时不得不依据优先级来缩小项目范围或延长工期，或增加资源，或在质量上寻找折中。

17）评审需求文档和原型

客户评审需求文档，是给分析人员提供反馈信息的方式。如果客户认为编写的"需求分析报告"不够准确，就有必要尽早告知分析人员并为改进提供建议。更好的办法是先为产品开发一个原型。这样客户就能给开发人员提供更有价值的反馈信息，使他们更好地理解自己的需求。原型并非一个实际应用产品，但开发人员能将其转化、扩充成功能齐全的系统。

18）需求变更要立即联系

不断地变更需求，会给在预定计划内完成的质量产品带来严重的不利影响。变更是不可避免的，但在开发周期中，变更越在晚期出现，其影响越大。变更不仅会导致代价极高的返工，而且工期将被延误，特别是在大体结构已完成后又需要增加新特性时。所以，一旦客户发现需要变更需求，请立即通知分析人员。

19）遵照开发小组处理需求变更的过程

为将变更带来的负面影响减少到最低限度，所有参与者必须遵照项目变更控制过程。这要求不放弃所有提出的变更，对每项要求的变更进行分析、综合考虑，最后做出合适的决策，以确定应将哪些变更引入项目中。

20）尊重开发人员采用的需求分析过程

软件开发中最具挑战性的莫过于收集需求并确定其正确性，分析人员采用的方法有其合理性。也许客户认为收集需求的过程不太划算，但请相信花在需求开发上的时间是非常有价值的。如果客户理解并支持分析人员为收集、编写需求文档和确保其质量所采用的技术，那么整个过程将会更为顺利。

4. 需求的分类

需求可以分为两大类，功能性需求和非功能性需求，前者定义了系统做什么，后者定义了系统工作时的特性。

功能需求是软件系统的最基本的需求表述，包括对系统应该提供的服务，如何对输入做出反应，以及系统在特定条件下的行为描述。在某些情况下，功能需求还必须明确系统不应该做什么，这取决于开发的软件类型、软件未来的用户以及开发的系统类型。所以，功能性的系统需求，需要详细地描述系统功能特征、输入和输出接口、异常处理方法等。

非功能性需求包括对系统提出的性能需求、可靠性和可用性需求、系统安全以及系统对开发过程、时间、资源等方面的约束和标准等。性能需求指定系统必须满足的定时约束或容量约束，一般包括速度（响应时间）、信息量速率（吞吐量、处理时间）和存储容量等方面的需求。

一般情况下，用户并不熟悉计算机的相关知识，而软件开发人员对相关的业务领域也不甚了解，用户与开发人员之间对同一问题理解的差异和习惯用语的不同往往会对需求分析带来很大的困难。所以，开发人员和用户之间充分和有效的沟通在需求分析的过程中至关重要。

有效的需求分析通常都具有一定的难度，一方面是由于交流障碍所引起的，另一方面是由于用户通常对需求的陈述不完备、不准确和不全面，并且还可能在不断地变化。所以开发人员不仅需要在用户的帮助下抽象现有的需求，还需要挖掘隐藏的需求。此外，把各项需求抽象为目标系统的高层逻辑模型对日后的开发工作也至关重要。合理的高层逻辑模型是系统设计的前提。

5. 需求分析的原则

在需求分析的过程中应该遵守一些原则：

首先，需求分析是一个过程，它应该贯穿于系统的整个生命周期中，而不是仅仅属于软件生命周期早期的一项工作。

其次，需求分析应该是一个迭代的过程。由于市场环境的易变性以及用户本身对于新系统要求的模糊性，需求往往很难一步到位。通常情况下，需求是随着项目的深入而不断变化的。所以需求分析的过程还应该是一个迭代的过程。

此外，为了方便评审和后续的设计，需求的表述应该具体、清晰，并且是可测量的、可实现的。最好能够对需求进行适当的量化。比如：系统的响应时间应该低于 0.5 s；系统在同一时刻最多能支持 30 000 个用户。

6. 需求分析的步骤

为了准确获取需求，需求分析必须遵循一系列的步骤。只有采取了合理的需求分析的步骤，开发人员才能更有效地获取需求。一般来说，需求分析分为需求获取、分析建模、需求描述和需求验证 4 步。

1）需求获取

需求获取即收集并明确用户需求的过程。系统开发方人员通过调查研究，要理解当前系统的工作模型、用户对新系统的设想与要求。在需求获取的初期，用户提出的需求一般模糊而且凌乱，这就需要开发人员能够选取较好的需求分析的方法，提炼出逻辑性强的需求。而且不同用户的需求有可能发生冲突，对于发生冲突的需求必须仔细考虑并做出选择。获取需求的方法有多种，比如问卷

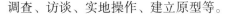

调查、访谈、实地操作、建立原型等。

　　2）分析建模

　　获取需求后，下一步就应该对开发的系统建立分析模型了。模型就是为了理解事物而对事物做出的一种抽象，通常由一组符号和组织这些符号的规则组成。对待开发系统建立各种角度的模型有助于人们更好地理解问题。通常，从不同角度描述或理解软件系统，就需要不同的模型。常用的建模方法有数据流图、实体关系图、状态转换图、控制流图、用例图、类图、对象图等。

　　3）需求描述

　　需求描述指编制需求分析阶段的文档。一般情况下，对于复杂的软件系统，需求阶段会产生 3 个文档：系统定义文档（用户需求报告）、系统需求文档（系统需求规格说明书）、软件需求文档（软件需求规格说明书）。而对于简单的软件系统而言，需求阶段只需要输出软件需求文档就可以了。软件需求规格说明书主要描述软件部分的需求，简称 SRS（Software Requirement Specification），它站在开发者的角度，对开发系统的业务模型、功能模型、数据模型、行为模型等内容进行描述。经过严格的评审后，它将作为概要设计和详细设计的基线。

　　4）需求验证

　　需求分析的第四步是验证以上需求分析的成果。需求分析阶段的工作成果是后续软件开发的重要基础，为了提高软件开发的质量，降低软件开发的成本，必须对需求的正确性进行严格的验证，确保需求的一致性、完整性、现实性、有效性。确保设计与实现过程中的需求可回溯性，并进行需求变更管理。

7. 需求管理

　　为了更好地进行需求分析并记录需求结果，需要进行需求管理。需求管理是一种用于查找、记录、组织和跟踪系统需求变更的系统化方法。

　　需求管理用于获取、组织和记录系统需求，使客户和项目团队在系统变更需求上达成并保持一致。有效需求管理的关键在于维护需求的明确阐述、每种需求类型所适用的属性，以及与其他需求和其他项目工件之间的可追踪性。

8. 需求分析的方法

　　1）功能分解方法

　　功能分解方法是将一个系统看成是由若干功能模块组成的，每个功能又可分解为若干子功能及接口，子功能再继续分解，即功能、子功能和功能接口成了功能分解方法的 3 个要素。功能分解方法采用的是自顶向下、逐步求精的理念。

　　2）结构化分析方法

　　结构化分析方法是一种从问题空间到某种表示的映射方法，其逻辑模型由数据流图和数据词典构成并表示。它是一种面向数据流的需求分析方法，主要适用于数据处理领域问题。

　　3）信息建模方法

　　模型是用某种媒介对相同媒介或其他媒介里的一些事物的表现形式。从一个建模角度出发，模型就是要抓住事物的最重要方面而简化或忽略其他方面。简而言之，模型就是对现实的简化。

　　建立模型的过程称为建模。建模可以帮助理解正在开发的系统，这是需要建模的一个基本理由。并且，人们对复杂问题的理解能力是有限的，建模可以帮助开发者缩小问题的范围，每次着重研究一个方面，进而对整个系统产生更加深刻的理解。可以明确地说，越大、越复杂的系统，建模的重要性也越大。

信息建模方法常用的基本工具是 E—R 图，其基本要素由实体、属性和关系构成。它的核心概念是实体和关系，它的基本策略是从现实中找出实体，然后再用属性对其进行描述。

4）面向对象的分析方法

面向对象的分析方法的关键是识别问题域内的对象，分析它们之间的关系，并建立 3 类模型，它们分别是：

（1）描述系统静态结构的对象模型。

（2）描述系统控制结构的动态模型。

（3）描述系统计算结构的功能模型。

其中，对象模型是最基本、最核心、最重要的。面向对象主要考虑类或对象、结构与连接、继承和封装、消息通信，只表示面向对象的分析中几项最重要特征。类的对象是对问题域中事物的完整映射，包括事物的数据特征（即属性）和行为特征（即服务）。

二、结构化分析方法

1. 结构化分析方法概述

一种考虑数据和处理的需求分析方法被称作结构化分析方法（Structured Analysis，SA），是 20 世纪 70 年代由 Yourdon Constaintine 及 De Marco 等人提出和发展，并得到广泛的应用。结构化分析方法适用于数据处理类型软件的需求分析，它提供的工具包括数据流图、数据字典、判定表和判定树。它基于分解和抽象的基本思想，逐步建立目标系统的逻辑模型，进而描绘出满足用户要求的软件系统。

分解是指对于一个复杂的系统，为了将复杂性降低到可以掌握的程度，可以把大问题分解为若干个小问题，然后再分别解决，如图 2 - 7 所示。

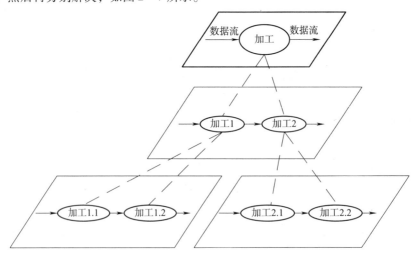

图 2 - 7　数据流图自顶向下分解

➤ 最顶层描述了整个目标系统 X。

➤ 中间层将目标系统划分为若干个模块，每个模块完成一定的功能。

➤ 最底层是对每个模块实现方法的细节性描述。

结构化分析方法是一种面向数据流的需求分析方法，也是从具体模型抽象出逻辑模型的方法。

结构化分析的具体步骤为：

（1）建立当前系统的具体模型：系统的具体模型就是现实环境的忠实写照，这样的表达与当前系统完全对应，因此用户容易理解。

（2）抽象出当前系统的逻辑模型：分析系统的具体模型，抽象出其本质的因素，排除次要因素，获得当前系统的逻辑模型。

（3）建立目标系统的逻辑模型：分析目标系统与当前系统逻辑上的差别，从而进一步明确目标系统"做什么"，建立目标系统的逻辑模型。

（4）为了对目标系统进行完整的描述，还需要考虑人机界面和其他一些问题。

结构化分析实质上是一种创建模型的活动，它建立的分析模型如图2-8所示。

图2-8 结构化分析模型

此模型的核心是"数据字典"，它描述软件使用或产生的所有数据对象。围绕着这个核心有3种不同的图。

➤ "数据流图"指出当数据在软件系统中移动时怎样被变换，以及描绘变换数据流的功能和子功能，用于功能建模。

➤ "实体—关系图"（E—R图）描绘数据对象之间的关系，用于数据建模。

➤ "状态转换图"指明了作为外部事件结果的系统行为，用于行为建模。

2. 数据流图

功能建模的思想就是用抽象模型的概念，按照软件内部数据传递和变换的关系，自顶向下逐层分解，直到找到满足功能要求的可实现的软件为止。功能模型用数据流图来描述。

数据流图就是采用图形方式来表达系统的逻辑功能、数据在系统内部的逻辑流向和逻辑变换过程，是结构化系统分析方法的主要表达工具及用于表示软件模型的一种图示方法。

1）数据流图的表示符号

如表2-3在数据流图中，存在4种表示符号。

表2-3　数据流图基本图形符号

图　　形	说　　明
○	加工（数据变换），输入数据在此进行变化产生输出数据，其中要注明加工的名称
▭	外部实体（源点或汇点），数据输入的源点或数据输出的汇点，其中要注明源点或汇点的名称
→→→	数据流，被加工的数据与流向，箭头旁边应给出数据流的名字
≡≡≡	数据存储，数据存储文件或数据库等

（1）加工（数据变换）。加工表达了对数据的逻辑加工或变换功能。对数据的加工处理的结果会变换了数据的结构，或是在原有数据的基础上产生新的数据。加工用圆表示，圆中是加工的名称。名称应恰当地反映处理的含义，使之容易理解，通常是动宾结构。

可以用数字对数据流图中的加工编号。一个加工可以对应于一个模块，一个程序，也可以是"打印输出"或者是人工处理过程。

（2）外部实体（源点或汇点）。外部实体是指系统以外的事物、人或组织，它表达了该系统数据的外部来源或去处，用方框表示。方框内是外部实体的名字。名称通常是名词，如人或事物。

为避免在数据流图上出现数据流的线条交叉，同一外部实体可以在一张图上出现若干次。确定了外部实体，实际上也就确定了系统和外部环境的分界线。

（3）数据流。数据流指示数据的流动方向，用带箭头的直线或弧线表示。直线或弧线上带有数据流的名称，名称通常是名词。

数据流可以由一个外部实体产生，也可由某一个加工产生，或者来自某一数据存储。

数据流的含义：

- 数据流是成分已知的信息包。
- 数据流经处理后可合并或分解。
- 意义清楚时可省略数据流名。
- 数据流不是控制流。

（4）数据存储。数据存储指明了保存数据的地方。它并不代表具体的存储介质。可以是文件的一个部分、数据库的元素或记录的一部分。数据可以存储在磁盘、磁带、内存及任何物理介质。数据存储可使用两个平行横线表示。平行线内有数据的名称，通常是名词。

同外部实体一样，为避免图中线条交叉，可在一张图中多次出现相同的数据存储，这时只需在矩形左侧加竖线，并标上数据存储的名字。

2）数据流图的附加符号

（1）＊表示数据流之间是"与"关系（同时存在）。如图 2 - 9 所示，只有当数据 A 与数据 B 同时输入，才能变换成数据 C。如图 2 - 10 所示，数据 A 输入变换成数据 B 与数据 C。

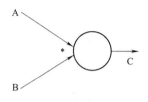
图 2 - 9 数据流图输入数据与关系

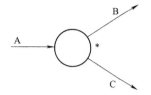
图 2 - 10 数据流图输出数据与关系

（2）＋表示数据流之间是"或"关系。如图 2 - 11 所示，数据 A 或数据 B 输入后，变换成数据 C。如图 2 - 12 所示，数据 A 输入变换成数据 B 或数据 C。

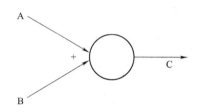
图 2 - 11 数据流图输入数据或关系

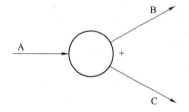
图 2 - 12 数据流图输出数据或关系

（3）⊕表示只能从几个数据流中选一个（互斥关系）。如图 2 - 13 所示，数据 A 或数据 B（不能同时）输入变换成数据 C。如图 2 - 14 所示，数据 A 输入变换成数据 B 或数据 C，不能同时得到数据 B 和数据 C。

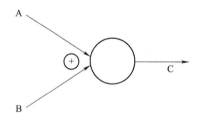
图 2 - 13 数据流图输入数据互斥关系

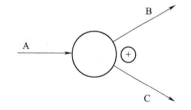
图 2 - 14 数据流图输出数据互斥关系

3）数据流图的画法

在绘制数据流图时，采用自顶向下，逐层分解的方法。绘制数据流图的步骤：

（1）提取数据流图中的 4 个基本成分。

（2）画出高层数据流图。

（3）逐层分解高层数据流图中的处理，得到一套分层数据流图。

（4）命名各元素。

顶层的加工名就是整个系统项目的名字，尽量使用动宾词组，也可用主谓词组，不要使用空洞的动词。

在对数据流图的分解中，位于最底层数据流图的数据处理，也称为基本加工或原子加工，对于每一个基本加工都需要进一步说明，这称为加工规格说明，也称为处理规格说明。在编写基本加工的规格说明时，主要目的是要表达"做什么"，而不是"怎样做"。加工规格说明一般用结构化语言、判定表和判定树来表述。

绘制数据流图的几点注意事项：

（1）分解要自然，概念要合理。

（2）每张数据流图所含的加工不要太多。

（3）以分层方式对处理编号。

（4）任何一个数据流子图必须与其父图上的一个加工相对应，父图中有几个加工，就可能有几张子图，两者的输入数据流和输出数据流必须一致，即所谓"平衡"。

（5）数据可以存储在任何介质上。

（6）数据加工是一个处理过程，可以是单个程序或程序模块。

（7）数据存储和数据流都是数据，数据存储是静态的数据，数据流是动态的数据。

（8）当进一步分解可能涉及具体的物理实现手段时，分解应终止。

4）数据流图的优点

（1）简洁、清楚地描述了系统的逻辑模型，易于理解和评价。

（2）作为信息交流的工具，数据流图易于系统分析员与用户交流。

数据流图是结构化软件设计的基础，由它出发可以映射出软件的结构。

3. 数据建模

数据建模的思想是在较高的抽象层次（概念层）对数据库结构进行建模。数据模型包括三种相互关联的信息，数据对象、描述对象的属性、描述对象间相互关联的关系，可以用实体关系图来描述。

1）数据对象、属性、关系

（1）数据对象也称为数据实体，是一个包含数据以及与这些数据有关的操作的集合，如物业管理系统中的建筑、业主。

（2）数据属性是指在数据实体与数据关系上所具有的一些特征值，如用户名、密码、邮箱、电话等，是客户实体的属性。

（3）数据关系是指不同数据实体之间存在的联系，包括一对一、一对多、多对多3种类型的关系。

2）实体—关系图

实体—关系图（简称E—R图）可以明确描述待开发系统的概念结构数据模型。对于较复杂的系统，通常要先构造出各部分E—R图，然后将各部分E—R图集合成总的E—R图，并对其进行优化，以得到整个系统的概念结构模型。

在建模的过程中，E—R图以实体、关系和属性3个基本概念概括数据的基本结构。实体、关系和属性的图例见表2-4。可以说，实体是由若干个属性组成的，每个属性都代表了实体的某些特征。

表 2 – 4 数据流图基本图形符号

图 形	说 明
▭	实体，是现实世界中的事物，框内含有相应的实体名称，通常是名词
◇	关系，用菱形表示，并用无向边分别与有关实体连接起来，以此描述实体之间的关系
⬭	属性，用椭圆形表示，并用无向边与相应的实体联系起来，表示该属性归某实体所有

【例 2.1】请画出物业管理系统中的登录用户的实体属性图。

如图 2 – 15 所示，物业管理系统中的登录用户（user）具有账号（username）、密码（password）、真实姓名（realname）、联系电话（phone）、电子邮箱（email）、角色（role）等属性。

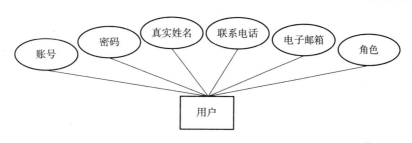

图 2 – 15 用户实体属性图

关系用菱形表示，并用无向边分别与有关实体连接起来，以此描述实体之间的关系。实体之间存在着 3 种关系类型，分别是一对一、一对多、多对多，它们分别反映了实体间不同的对应关系。

【例 2.2】请画出物业管理系统中存在的一对一、一对多、多对多关系的实体关系图。

如图 2 – 16 所示，"车辆"与"车位"之间是一对一的关系，即一辆车只能停放一个车位；"楼管"与"建筑"之间是一对多的关系，即一名楼管可以负责多栋建筑的日常管理，一栋建筑只由一名楼管管理；车库的进出口安装的设备可以记录下车辆的进出记录，一辆车可以从多个车库进出口进出，一个车库进出口可以进出多辆车，"车辆"与"车库进出口"之间是多对多的关系。

3）数据字典

数据字典以一种系统化的方式定义在分析模型中出现的数据对象及控制信息的特性，给出它们的准确定义，包括数据流、数据存储、数据项、数据加工，以及数据源点、数据汇点等。数据字典成为将分析模型中的 3 种模型黏合在一起的"黏合剂"，是分析模型的"核心"。

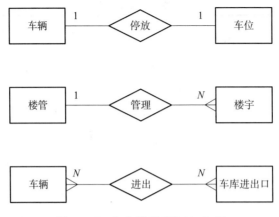

图 2-16　物业管理系统 E-R 图

1）数据项条目

数据项是不可再分的数据单位。对数据项的描述通常包括以下内容：

{数据项名，数据项含义说明，别名，数据类型，长度，取值范围，取值含义，与其他数据项的逻辑关系}

2）加工条目

加工的数据字典是对其内部流程的描述，通常包括以下内容：

{加工名称，编号，功能描述，接受数据流，输出数据流，处理流程}

3）数据流条目

数据流是数据结构在软件系统内传输的路径。对数据流的描述通常包括以下内容：

{数据流名，说明，数据流来源，数据流去向，组成部分}

4）外部实体条目

外部实体是数据流的源点，也是数据流的汇点。外部实体的描述通常包括以下内容：

{编号，外部实体名，输出数据流，输入数据流}

5）数据存储条目

数据存储是数据结构停留或保存的地方，也是数据流的来源和去向之一。对数据存储的描述通常包括以下内容：

{数据存储名，说明，组成部分，数据量，存取方式}

在数据字典中，可以采用以下符号说明数据的组成：

（1）＝表示被定义为，表示数据结构组成，如 DS001 = DE0001 + DE0016 + DE0018。

（2）＋表示与，用于连接两个数据分量。

（3）[…|…]表示或，从若干数据分量中选择一个，方括号中的数据分量用"｜"号隔开，如 DE0020 业主位物业费缴费状态为[已缴费|未缴费|欠费]。

（4）m{…}n 表示重复，重复花括号内的数据，最少重复 m 次，最多重复 n 次。

（5）（…）表示可选，圆括号内数据可有可无。

基本数据元素（简称数据元素）是数据字典中数据的最小单位，不可再分解。数据结构由若干数据元素构成。数据字典中除了数据流图中的四个成分需描述外，还包括数据元素和数据结构一览表。

任务实施

1. 物业管理系统中缴费子系统数据流图

（1）分析系统，见表 2 - 5，得到数据流图各个组成部分。

表 2 - 5 缴费子系统数据流图四大组成

源点/汇点	处 理	数 据 流	数据存储
收费管理员（源点）	缴费	业主信息	缴费数据
业主（汇点）	打印收据	收据	业主数据

（2）绘制顶层数据流图。高层数据流图强调源点、汇点和输入输出数据流。顶层图只有一张，且变换只有一个，因此不须编号。缴费系统顶层数据流图如图 2 - 17 所示。

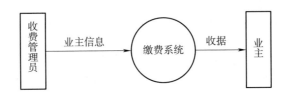

图 2 - 17 缴费系统顶层数据流图

（3）逐步分解。数据加工"缴费系统"可以进一步分解得到第二层（图 2 - 18）、第三层（图 2 - 19）数据流图。

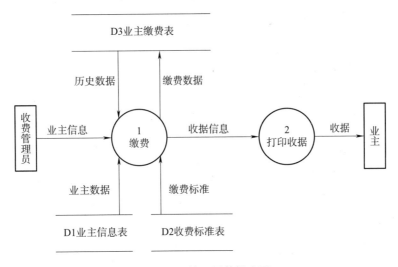

图 2 - 18 第二层数据流图

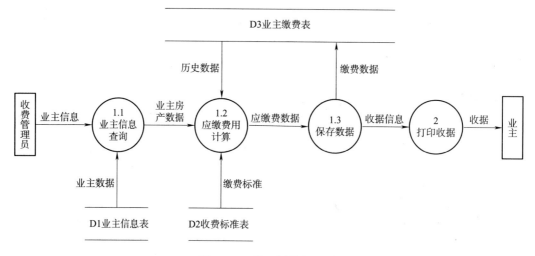

图 2-19　第三层数据流图

2. 物业管理系统缴费子系统数据字典定义

（1）定义缴费子系统中所有的数据元素，见表 2-6。

表 2-6　缴费子系统数据元素表

编　号	数据元素名称	类　型	长度/bit	备　注
DE0001	业主房号	字符	16	
DE0002	业主姓名	字符	64	
DE0003	房屋建筑面积	数值		2 位小数
DE0004	房型	字符	8	
DE0005	每平方米物业费	数值		2 位小数
DE0006	房屋物业费到期日	日期		
DE0007	房屋物业费缴费时间	数值		2 位小数
DE0008	车位编号	字符	5	
DE0009	车位面积	数值		2 位小数
DE0010	车位每月物业费	数值		2 位小数
DE0011	车位物业费到期日	日期		
DE0012	车位物业费缴费时间	日期		
DE0013	收费员姓名	字符	64	
DE0014	收费员工号	字符	8	
DE0015	本次缴费房屋物业费开始时间	日期		
DE0016	本次缴费房屋物业费到期时间	日期		
DE0017	本次缴费车位物业费开始时间	日期		
DE0018	本次缴费车位物业费到期时间	日期		
DE0019	收据单号	字符	8	
DE0020	业主位物业费缴费状态	字符	1	[已缴费|未缴费|欠费]
DE0021	业主车位物业费缴费状态			

（2）根据数据元素组合成数据结构，见表 2 - 7 所示。

表 2 - 7 缴费子系统数据结构表

编 号	数据结构名称	数据结构组成
DS001	业主缴费信息	DE0001 + DE0016 + DE0018
DS002	业主数据	DE0001 + DE0002 + DE0003 + DE0004 + DE0008 + DE0009
DS003	业主缴费数据	DE0001 + DE0002 + DE0003 + DE0004 + DE0008 + DE0016 + DE0018
DS004	缴费标准	DS010 + （DS011）
DS005	历史缴费数据	DE0001 + DE0006 + DE0007 + DE0008 + DE00011 + DE0020 + DE0021
DS006	应缴费数据	DE0001 + DE0002 + DE0003 + DE0005 + DE0008 + DE0009 + DE0015 + DE0016 + DE0017 + DE0018
DS007	本次缴费数据	DE0001 + DE0002 + DE0003 + DE0005 + DE0008 + DE0009 + DE0013 + DE0014 + DE0015 + DE0016 + DE0017 + DE0018
DS008	收据信息	DE0001 + DE0002 + DE0003 + DE0005 + DE0008 + DE0009 + DE0013 + DE0015 + DE0016 + DE0017 + DE0018
DS009	收据	DE0001 + DE0002 + DE0003 + DE0005 + DE0008 + DE0009 + DE0013 + DE0015 + DE0016 + DE0017 + DE0018 + DE0019
DS010	房屋物业缴费标准	DE0004 + DE0005
DS011	车位物业缴费标准	DE0008 + DE0010

（3）描述数据加工（变换）的功能及输入数据流和输出数据流，见表 2 - 8 所示（其中数据流的定义见表 2 - 9）。

表 2 - 8 缴费子系统数据加工表

编 号	加工名称	功能描述	输入数据流	输出数据流
P001	业主信息查询	根据业主缴费信息查询业主房产车位信息，得到业主缴费数据	DF001，DF002	DF003
P002	应缴费用计算	根据业主缴费数据、缴费标准、历史缴费数据，计算出本次缴费应缴费数据	DF003，DF004，DF005	DF006
P003	保存数据	根据应缴费数据，保存本次缴费数据，得到收据信息	DF006	DF007，DF008
P004	打印收据	根据收据信息打印收据	DF008	DF009

表 2 - 9 缴费子系统数据流表

编 号	数据流名称	来 源	去 处	组 成
DF001	业主缴费信息	E001	P001	DS001
DF002	业主数据	DB001	P001	DS002
DF003	业主缴费数据	P001	P002	DS003
DF004	缴费标准	DB002	P002	DS004
DF005	历史缴费数据	DB003	P002	DS005
DF006	应缴费数据	P002	P003	DS006

续表

编　号	数据流名称	来　源	去　处	组　成
DF007	本次缴费数据	P003	DB003	DS007
DF008	收据信息	P003	P004	DS008
DF009	收据	P004	E002	DS009

（4）描述外部实体的输入数据流和输出数据流，见表2-10所示（其中数据流的定义见表2-9）。

表2-10　缴费子系统外部实体表

编　号	外部实体名	输出数据流	输入数据流
E001	收费管理员	DF001	—
E002	业主	—	DF009

（5）描述数据存储的组成，如表2-11所示。

表2-11　缴费子系统数据存储表

编　号	数据存储名称	数据存储组成
DB001	业主信息视图	DS002
DB002	缴费标准	DS010 + DS011
DB003	业主缴费表	DS007

知 识 拓 展

一、状态转换图

状态转换图是一种描述系统对内部或外部事件响应的行为模型。它描述系统状态和事件，事件引发系统在状态间的转换，而不是描述系统中数据的流动。这种模型尤其适合用来描述实时系统，因为这类系统多由外部环境的激励而驱动。

1. 状态

状态是任何可以被观察到的系统行为模式，一个状态代表系统的一种行为模式。状态规定了系统对事件的响应方式。系统对事件的响应，既可以是做一个（或一系列）动作，也可以是仅仅改变系统本身的状态，还可以是既改变状态又做动作。

如图2-20所示，在状态转换图中定义的状态主要有：初态（即初始状态）、终态（即最终状态）和中间状态。初态用实心圆表示，终态用一对同心圆（内圆为实心圆）表示，中间态用圆角矩形表示。状态之间为状态转换，用一条带箭头的线表示。带箭头的线上的事件发生时，状态转换开始。在一张状态图中只能有一个初始状态，而最终状态则可以没有，也可以有多个。

2. 事件

事件是在某个特定时刻发生的事情，它是对引起系统做动作或（和）从一个状态转换到另一个状态的外界事件的抽象。例如，观众使用电视遥控器，用户移动鼠标、点击鼠标等都是事件。简

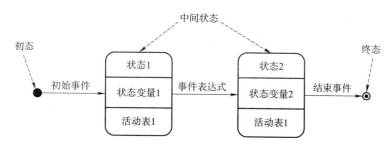

图 2 - 20　状态转换图

而言之，事件就是引起系统做动作或（和）转换状态的控制信息。

状态变迁通常是由事件触发的，在这种情况下应在表示状态转换的箭头线上标出触发转换的事件表达式。

如果在箭头线上未标明事件，则表示在源状态的内部活动执行完之后自动触发转换。

【例 2.3】请绘制物业管理系统中用户缴费状态转换图。

物业管理系统中，物业费是按年度缴费的，如果本年度的费用已交，则业主缴费状态为已缴费；如果往年费用已交，而本年度的物业费未交，则业主缴费状态为未缴费；如果业主是未缴费状态，进入新年后，则业主的缴费状态会转换为欠费状态。

业主缴费状态转换如图 2 - 21 所示。

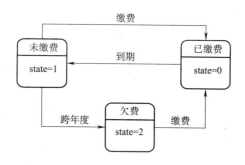

图 2 - 21　业主缴费状态转换图

二、需求分析评审

1. 评审的主要内容

需求分析的文档完成后，应由用户和系统分析人员等相关人员共同进行复查、评审。评审后用户和开发人员均在需求规格说明书上签字，作为软件开发合同的组成内容。如果内容有所更改，双方要重新协商，达成协议后才能修改。

需求分析阶段的复审工作是对功能的正确性、完整性和清晰性，以及其他需求给予评价。评审的主要内容如下：

（1）系统定义的目标是否与用户的需求一致。

（2）系统软件需求分析阶段提供的文档资料是否齐全。

（3）文档中的描述是否完整、清晰、准确地反映用户需求。

（4）与其他系统的重要接口是否都已经清楚地描述。

（5）所开发项目的数据流与数据结构是否足够、确定。

（6）所有图表是否清楚，没有补充说明是否能够理解。

（7）主要功能是否已在规定的软件范围之内，是否都已充分说明。

（8）设计的约束条件或限制条件是否符合实际。

（9）是否考虑开发的技术风险。

（10）是否考虑过将来可能会提出的软件需求。

（11）是否详细制定了检验标准，对系统定义是否成功进行确认。

（12）用户是否审查了初步的用户手册。

（13）软件开发计划中的成本估算是否受到影响。

2. 评审主要内容的验证

为了提高软件质量，确保软件开发成功，降低软件开发成本，软件需求说明确定后必须严格验证这些需求的正确性。上述软件需求分析评审的主要内容应该从以下几方面进行验证。

（1）一致性：所有需求必须一致，任何一项需求不能与其他需求相互矛盾。

（2）完整性：需求说明必须完整，规格说明书应该包括用户需要的每个功能或性能。

（3）实现性：指定的需求应该是成熟、先进的软、硬件技术可以实现的。

（4）有效性：必须证明需求是正确有效的，确实能解决用户的问题。

3. 需求分析评审的主要方法

在从一致性、完整性、有效性和实现性等角度来验证需求分析的正确性时，由于角度不同，其评审的方法有所不同。

1）验证需求的一致性

一致性指用户需求必须与业务需求一致，功能需求必须与用户需求一致。在需求分析过程中，开发人员需要把一致性关系进行细化，如用户需求不能超出预先指定的范围。严格地遵守不同层次间的一致性关系，可以保证最后开发出来的软件系统不会偏离最初的实现目标。当需求分析的结果用大量的自然语言书写时，这种非形式化的规格说明书是难以验证的，特别是目标系统规模庞大、说明书篇幅很长时，冗余、遗漏和不一致等问题可能没有被发现而继续保留下来，以致软件开发工作不能在正确的基础上顺利进行。

软件工程研究者和技术专家提出了形式化的需求语言来描述软件需求的方法，并且可以用软件工具验证需求的一致性。

2）验证需求的完整性和有效性

需求的完整性是非常重要的。如果遗漏需求，则不得不返工。在软件开发过程中，最糟糕的事情莫过于在软件开发接近完成时发现遗漏了一项需求。但需求的遗漏是经常发生的，这不仅是开发人员的问题，更多的是用户的问题。要实现需求的完整性是很艰难的一件事情，它涉及需求分析过程的各个方面，贯穿整个过程，从最初制订需求计划到最后的需求评审。

目标系统的软件需求规格说明书是否进行了完整、准确、有效的描述，只有目标系统的用户才有更大的发言权。只有在用户的密切配合下，才能证明系统确实满足了用户的实际需要。有时用户并不能清楚地认识到或有效地表达自己的需求，只有面对系统的原型产品时才能较完整、确切地表达自己的需求。

项目组可以根据需求分析开发出一个试用版的软件系统模型，以便用户通过试用更好地认识到自己实际需要的功能，并在此基础上修改完善需求规格说明书。在具体应用中，使用快速原型法是一个不错的选择，开发原型系统所需的时间和成本会大大少于实际目标系统。用户通过试用原型获得经验和帮助，从而提出切实可行的要求。原型系统所显示的是系统的主要功能而不是性能，为此可以适当降低对接口可靠性等方面的要求，并可以减少文档工作，从而降低原型系统开发成本。

3）验证需求的实现性

为了验证系统需求的实现性，分析人员应该参照以往开发类似系统的经验，分析、利用现有的软、硬件技术实现目标系统的可能性，必要时采用仿真或性能模拟技术，辅助分析软件需求规格说明书的实现性。

注意：目前大多数的需求分析采用的仍然是自然语言，自然语言对需求分析最大的弊病是它的二义性，所以开发人员要对需求分析中采用的语言做某些限制，如尽量采用"主语＋动作"的简单表达方式。需求分析中的描述一定要简单，不能采用疑问句修饰复杂的表达方式。除了语言的二义性之外，不要使用计算机专业术语，否则会造成用户理解上的困难，而需求分析最重要的是与用户沟通。

4. 需求分析评审的过程

需求分析评审过程由以下5个步骤组成。

（1）规划。由项目经理和系统分析人员共同依据评审内容、方法拟订审查计划，确定参加人员，准备需要的资料，安排审查会议的具体程序。

（2）准备。根据规划制定任务，将审查需要的资料预先分发给有关人员。每个拿到资料的审查者以"典型缺陷单"为指导，检查需求规格说明书中可能出现的错误。如果项目较大，可以将需求说明书划分成几个部分，分别发给不同的审查人员。

（3）召开审查大会。准备工作完成后就可以召开审查大会。由分析人员主要发言，描述需求，其他人员随时提出疑问或指出缺陷。会后，由记录人员整理出"缺陷建议表"，提交给开发小组。

（4）修改缺陷。根据整理出的"缺陷建议表"修改需求规格说明书或其他相关文档。

（5）重审。对修改后的需求说明书重新审查，再回到步骤（3）。步骤（3）～（5）是一个循环往复的过程，直到所有缺陷都已改正、整个需求规格说明书通过会议审查为止。注意：参加需求评审的人员包括分析人员、项目经理、软件设计人员、测试人员和用户。

三、需求规格说明书

需求规格说明书的主要内容应该包括以下几项：

（1）引言：编写目的、项目背景、定义、参考资料。

（2）任务概述：目标、运行环境、条件与约束。

（3）数据描述：静态数据、动态数据、数据库描述、数据字典等。

（4）功能需求：功能划分、功能描述。

（5）性能需求：数据精确度、时间特性、适应性。

（6）运行需求：用户界面、硬件接口、软件接口、故障处理。

（7）其他需求：包括可使用性、安全保密性、可维护性和可移植性等。

习　题

一、填空题

1. 软件需求分析，可以把_____的总体概念描述为具体的软件需求规格说明，进而建立软件开发的基础。

2. 软件需求分析工作基本上包括收集用户、市场等方面对项目的需要，经过_____，细化模型，抽取需求。

3. 结构化分析方法的基本步骤是采用_____对系统进行分解，画出分层数据流图；由后向前定义系统的数据和加工，绘制数据词典和加工说明；最终写出软件需求规格说明书。

4. 需求分析评审过程由以下5个步骤组成：规划、准备、_____、修改缺陷、重审。

5. 在软件工程中，_____用来表示对活动、需求、过程或结果进行描述、定义、规定、报告或认证的书面或图示的信息。

6. 需求分析的任务是理解和表达用户的需求_____，确定软件设计的限制和软件与其他系统元素的接口细节，定义软件和其他有效性需求。

7. 系统分析是对问题的_____和_____的过程，分析人员要回答的问题是"_____"的问题，而不是"系统应该怎么做"的问题。

二、选择题

1. 需求分析阶段的工作分为4个方面：对问题的识别、分析与综合、制定需求规格说明书和（　　　）。

　　A. 需求分析评审　　　　B. 对问题的解决　　　　C. 对过程的讨论　　　　D. 功能描述

2. 下列不是用结构化分析方法描述系统功能模型的方法是（　　　）。

　　A. 数据流图　　　　　　B. 数据字典　　　　　　C. 加工说明　　　　　　D. 流程图

三、简答题

1. 需求分析阶段的主要任务是什么？

2. 需求分析要经过哪些步骤？

3. 需求分析有哪两种主要分析方法？它们各自的分析步骤是什么？

4. 软件需求分析规格说明书由哪些部分组成？各部分的主要内容是什么？

5. 什么是结构化分析方法？该方法使用什么描述工具？

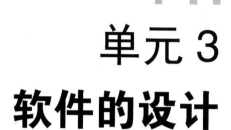

单元 3
软件的设计

本单元介绍软件的总体设计任务、步骤和原则，模块设计思想和原则，系统结构图的绘制方法，详细设计的任务、方法和工具，数据库设计，数据库设计等内容。

学习目标

- 熟悉总体设计的任务和步骤；
- 理解模块划分的原则；
- 掌握系统结构图的绘制方法；
- 熟悉详细设计的任务、方法、工具；
- 熟悉用户界面设计的原则。

任务1 总体设计

任务导入

在前一阶段需求分析阶段得到了软件的《需求规格说明书》，它明确地描述了用户要求系统"做什么"的问题，下面是决定"怎么做"的时候了，即建立一个符合用户需求的软件系统。需求分析阶段之后，软件开发进入软件设计阶段。

一般来说，软件工程项目的开发阶段由设计、编码和测试3个环节组成，占软件工程总成本的75%以上，在施工之前要先完成设计。因此，设计往往是开发活动的必要前提工作。通常，设计被定义为"应用各种技术和原理，对设备、过程或系统做出足够详细的定义，使之能够在物理上得以实现"。软件需求分析完成后，就可以开始软件设计了。在软件开发过程中，设计阶段是最需要发挥创造力的阶段，也可以说是最具有活力的工作。

软件设计阶段通常分为两步：

（1）总体设计也可以称为概要设计，确定软件的系统结构。

（2）详细设计也可以称为模块设计，进行各模块内部的具体设计。

结构化软件设计方法是一种面向数据流的设计方法。结构化方法下，总体设计阶段必须以需求分析的结果（数据流图＋数据字典）为基础进行设计，以得到系统的框架：

（1）根据层次化的数据流图，映射出系统的物理构成；

（2）根据层次化的数据流图，将其中的加工映射出层次的功能结构；

（3）将系统的物理构成分布在网络上，得到系统部署结果；

（4）将数据字典转化为数据库设计的概念模型（E—R 模型），并进一步进行数据库的逻辑设计和物理设计。

一、总体设计概述

1. 总体设计任务和步骤

总体设计的任务是根据需求分析阶段得到的模型，确定系统的结构，合理地将系统划分成若干模块，并确定模块间的调用关系，充分考虑系统的可扩展性和可维护性。

总体设计过程中，首先进行系统设计，复审系统计划和需求分析，确定系统具体的实施方案，其次进行结构设计，确定软件系统结构。具体步骤如下：

（1）设计系统方案。为了实现系统的要求，系统分析人员应该提出并分析各种可能的方案。在分析阶段提供的数据流图等模型是总体设计的出发点。数据流图中的某些处理可以逻辑地归并在一个边界内作为一组，另一些处理可以放在其他边界内作为一组。这些边界代表着某种实现策略，方案仅是边界的取舍

（2）选取一组合理的方案。根据不同成本指标，选择一组合理的方案，准备好系统流程图、系统物理元素清单、成本效益分析和实现系统的进度计划等，进一步征求用户的意见。

（3）推荐最佳方案。分析人员综合分析各种方案的优缺点，推荐最佳方案，制订详细的进度计划。用户与有关技术专家认真审查分析人员推荐的方案，然后提交使用单位负责人审批。审批后的最佳实施方案才能进入软件具体结构设计。

（4）功能分解。软件结构设计，首先将复杂的功能进一步分解成简单的功能，遵循模块划分独立性的原则（即模块功能单一，模块与外部联系较弱），使已划分的模块功能对大多数程序员而言都是容易理解的。功能的分解将导致对数据流图的进一步细化，可选用相应的图形工具来描述。

（5）软件结构设计。功能分解后，使用结构图、层次图描述模块所组成的层次关系。当数据流图细化到适当的层次后，可采用 SD 方法直接映射出结构图。

（6）数据库设计、文件结构的设计。系统分析人员根据系统的数据要求，确定系统的数据结构、文件结构。对需要使用数据库的应用领域，分析人员还要进一步根据系统数据要求进行数据库的模式设计，确定数据库物理数据的结构约束；进行数据库子模式设计，设计用户使用数据的视图；设计数据库完整性和安全性；优化数据的存取方式。

（7）制订测试计划。为保证软件的质量，在软件设计阶段就要考虑软件的可测试性问题。这个阶段的测试仅从输入/输出功能做黑盒测试，详细设计时才能做详细的各类测试用例与计划。

（8）编写系统概要设计文档。

（9）审查概要设计文档。完成概要设计文档编写后，还需对其进行仔细审查，核对无误后即完成概要设计。

2. 结构化设计方法设计原则

结构化设计是根据系统分析资料确定软件应由哪些子系统或模块组成，它们应采用什么方式连接，接口如何，才能构成一个好的软件结构，如何用恰当的方法把设计结果表达出来。同时考虑数据库的逻辑设计。采用自顶向下的模块化设计方法，按照模块化原则和软件设计策略，将软件分析得到的数据流图映射成由相对独立、单一功能的模块组成的软件结构。

1）模块化

模块化是软件设计中最古老的一条原则，至今已有 50 余年历史了。模块化的中心思想是，对较大的程序应"分而治之"，使其每一部分都变得较易管理。

结构化方法下，模块被认为是构成软件系统的基本组件，模块内部包括数据说明、可执行语句，每个模块都可以单独命名并通过名字来访问。过程、函数、子程序、宏都是模块。模块集成起来构成一个整体，完成特定功能，进而满足用户需求。

2）抽象

抽象是人们认识世界时使用了一种思维工具。用内涵更小、外延更大的概念来表达更具体的多个概念或现象。在结构化设计中，抽象起着非常重要的作用，可以先用一些宏观的概念构造和理解一个庞大、复杂的系统，然后再逐层用一些较为直观的概念去解释宏观概念，直到最底层的元素。

3）逐步求精

在面对一个新问题时，开发人员先关注于本质的宏观概念，集中精力解决主要问题，再逐步关注问题的非本质细节。逐步求精是抽象的逆过程，世界上软件生命周期各阶段活动，就是解决方案抽象层次的逐步细化。抽象和逐步求精有利于人们控制风险，集中精力解决问题。

4）信息隐藏

在结构化方法下，程序由大小不一的模块构成，每个模块有自己的逻辑功能和数据结构。其他模块调用该模块时，无需知道其内部细节，模块只公布必须让外界知道的信息，如模块名、输入参数个数和类型、输出参数个数和类型。模块的具体实现细节对其他的模块不可见，这种机制就叫信息隐藏。

信息隐藏能够避免局部错误扩大化，避免外部对模块内部进行访问和控制，有利于软件的测试、升级和维护。

5）一致性

整个软件系统（包括文档和程序）的各个模块均应使用一致的概念、符号和术语；程序内部接口应保持一致；软件与硬件接口应保持一致；系统规格说明与系统行为应保持一致；实现一致性需要良好的软件设计工具、设计方法和编码风格的支持。

3. 结构化设计方法的优点

结构化设计方法是基于模块化、自顶向下细化、结构化程序设计等程序设计技术基础发展起来的，具有以下优点：

（1）模块可以独立地被理解、编程、调试、排错和修改。

（2）减少设计复杂性，研制工作得以简化，缩短了软件开发周期，也减少了开发软件所需的人力。

（3）模块的相对独立性也能有效地防止错误在模块之间扩散蔓延，提高了系统的可靠性。

（4）提高了代码的可复用性。

二、模块设计

模块是指单独命名的可以通过名字访问的数据说明、可执行语句等程序对象的集合。过程、函数、子程序、宏等都可作为模块。模块的输入、输出和功能构成模块的外部特征；内部数据和程序代码构成模块的内部特征。模块化可以使软件结构清晰，便于设计、阅读和理解，从而便于维护。

1. 模块设计原则

好的模块设计应该符合信息隐蔽和模块独立性原则。

信息隐蔽是指一个模块内所包含的信息（数据和代码）对于不需要这些信息的模块来说是不能访问的，将模块内部可能出现的异常导致的负面影响尽量局限在该模块内部，从而保护其他模块不受影响，降低错误的影响范围。

模块的独立性要求：每个模块完成一个相对独立的特定子功能，并且和其他模块之间联系尽量简单。模块的独立性是一个好的软件设计的关键。

模块化设计的软件比较容易开发。一方面，模块化设计降低了系统的复杂性，使得系统容易修改；另一方面，也推动了系统各个部分的并行开发，从而提高了软件的生产效率。

独立的模块比较容易测试和维护。这是因为相对来说，修改设计和程序需要的工作量比较小，错误传播范围小，需要扩充功能时容易扩展。

2. 模块的分解

对一个复杂的问题，若将之分割成若干个可管理的小问题后更容易求解，而模块化设计正是借助这个思想。这是否意味着我们可以把软件无限地细分下去？不会，因为在一个软件系统的内部，各组成模块之间是相互关联的。模块划分得越多，各模块之间的联系也就越多。模块本身的复杂度和工作量虽然随着模块的变小而减小，模块的接口工作量却随着模块数的增加而增大。

结构化程序设计要在模块数量与模块的大小之间取得平衡。每个软件都存在一个最小的成本区，把模块数控制在这一范围，可以使总的开发工作量保持最小。

如图 3-1 所示，如果每个模块规模大，则模块数量少；如果每个模块规模过小，则整个系统的模块数量多。模块规模大，模块复杂，难以实现、测试和维护，软件开发成本相对较高；模块规模小，则大量的模块之间关系复杂，控制困难，调用开销大。一般模块的程序行数为 50～100。

3. 模块独立性及其度量

模块独立性用两个定性标准度量：内聚和耦合。内聚是衡量一个模块内各组成部分之间彼此联系的紧密程度，模块内联系越紧密内聚性越好；耦合是衡量不同模块间相互联系的紧密程度，模块间联系越松散耦合性越好。

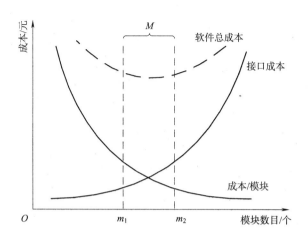

图 3 - 1　模块数目和成本关系图

结构化设计追求的目标是提高模块的独立性，降低模块之间的耦合。即每个模块完善相对独立的功能，模块之间的关联尽可能少。

1）模块的耦合性

模块的独立性与模块之间的耦合性密切相关，模块间的耦合强弱取决于接口的复杂性，如信息传递的方式（传值还是传地址）、输入输出的参数个数和类型。

影响模块间耦合性的因素：

（1）模块间的联系方式。模块间的联系方式是指一个模块调用另一模块的方式。比如，是通过过程调用语句正常调用另一模块，还是不通过正常入口而直接转入另一模块内部，或者直接访问另一模块的内部数据等。

（2）模块间传递信息的作用。模块间传递信息的作用由接口上传递的信息的性质决定。通过模块接口的信息有三种类型：数据型、控制型和描述性标志。数据型信息记录某些事实，常用名词表示；控制型信息传递到被调用模块用于控制模块内部的语句执行次序和方式；描述性标志表示某些数据的状态和性质，如无效账号、文件结束等。描述性标志也是一种控制信息，有一种混合型（也称控制/数据型），它传递的是指令，一个模块修改另一模块的指令。

（3）接口传递信息的数量。模块间传递的信息量越大，耦合性就越高。一个模块的调用最好只传递它确实需要的数据，而完全不用了解是否有其他数据的存在。

如图 3 - 2 所示，按照模块之间关系，可以把耦合分为七级，从低到高分别是：无耦合、数据耦合、特征耦合、控制耦合、外部耦合、公共耦合、内容耦合。

（1）无耦合。如果两模块之间没有任何联系，每一个都能独立地工作而不需要另一模块的存在，是彼此完全独立的，则这两个模块间属于无耦合的情况。

（2）数据耦合。如果两个模块是仅通过参数表传递数据型信息，则这种耦合称为数据耦合。

数据耦合是松散的耦合，模块间的独立性较强。软件结构中至少有这种耦合，甚至只有数据耦合。数据耦合是理想的目标。

图 3-2　模块的耦合性

【例 3.1】试分析物业管理系统中缴费子系统中，缴费标准查询过程中存在的数据耦合的应用。

A 模块的功能是物业缴费标准查询主模块，B 模块的功能是查询房屋物业缴费标准，C 模块的功能是查询车位物业管理费缴费标准。

如图 3-3 所示，A 模块在调用 B 模块时传递的参数是门牌号，B 模块返回的是门牌号对应的房屋缴费标准，在这个过程中两个模块间只通过参数和返回值传递数据，是典型的数据耦合。同理，A 模块和 C 模块之间也是数据耦合。

（3）特征耦合。若两个模块通过参数表传递的是某一数据结构的子结构，而不是简单变量，这就是特征耦合。特征耦合是数据耦合的一种变种，会增加出错的机会，不易改动（数据结构变化时）。将该数据结构上的操作全部集中在一个模块中，这样就可消除这种耦合。

【例 3.2】试分析物业管理系统中缴费子系统中，缴费标准查询过程中存在的特征耦合的应用。

如图 3-4 所示，A 模块在调用 B 模块时传递的参数是用户信息，B 模块从用户信息中分解出房屋信息，再查询出对应的房屋缴费标准，在这个过程中参数是复合数据，而不是简单的变量，是一种特征耦合。同理，A 模块和 C 模块之间也是特征耦合。

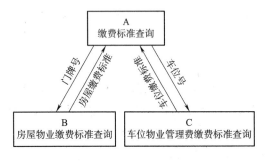

图 3-3　数据耦合的应用

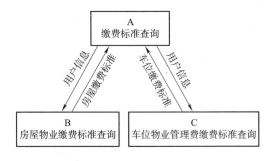

图 3-4　特征耦合的应用

（4）控制耦合。如图 3-5 所示，模块调用传递控制型信息，就是控制耦合。对被控制的模块做任何修改，都会影响到控制模块，这样会降低模块的独立性。

（5）外部耦合。一组模块都访问同一全局简单变量而不是同一全局数据结构，而且不是通过参数表传递该全局变量的信息，则称之为外部耦合。

（6）公共耦合。如图 3-6 所示，若一组模块使用了公共数据，则它们之间的耦合称为公共耦合。公共数据包括全程变量、共享的通信区、内存的公共覆盖区等。公共数据的使用，必然降低软件的可读性、可修改性和可靠性。

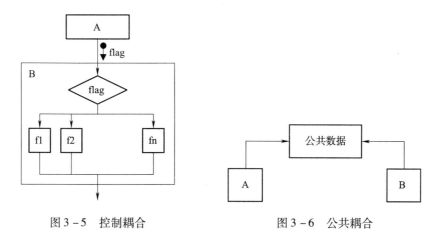

图 3-5　控制耦合　　　　　　　　图 3-6　公共耦合

（7）内容耦合。如果发生下列情况之一，两个模块间就是内容耦合：

a. 一个模块直接访问另一个模块的内部数据；

b. 一个模块通过不正常入口直接转入另一模块内部；

c. 一个模块有多个入口；

d. 两个模块有一部分代码重叠。

内容耦合是耦合性最高的耦合，即模块间最坏的联系方式，现在大多数高级程序设计语言中已经不会出现这种耦合。

软件设计师、开发人员在进行设计时应该采取以下原则：以数据耦合为主，特征耦合为辅，少用控制耦合，限制公共耦合，杜绝内容耦合。

2）模块的内聚性

模块内各部分的内聚程度从低到高分类如图 3-7 所示。

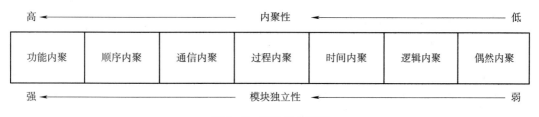

图 3-7　模块的内聚性

（1）偶然内聚。如果模块中各组成成分间彼此没有实质联系，即使有联系也是很松散的，模块功能模糊，则称为偶然内聚。

有时写完一段程序后，发现一组语句在程序中多处出现，便将其组织在一个模块内以节省内存，就出现了偶然内聚的模块。在模块设计时，如果发觉一个模块难以命名，就应考虑是否出现偶然内聚。

（2）逻辑内聚。如图 3-8 所示，模块 B 内按照一定逻辑将内部功能组合在一起，每次被调用时，由参数判定应该执行哪一功能语句。

（3）时间内聚。若一个模块中包含的任务必须在同一时间内执行，而这些任务的次序无关紧要，则称为时间内聚。

（4）过程内聚。如果一个模块内的处理成分是相关的，而且必须以特定顺序执行，则称为过程内聚。如，循环流程中的判定部分、循环部分、迭代部分是以一定顺序执行的，是典型的过程内聚。

（5）通信内聚。模块内的所有成分都通过公共数据而发生关系的内聚就是通信内聚。

图 3-8　逻辑内聚

（6）顺序内聚。若模块中每个处理成分对应一个功能，且这些处理必须按顺序执行，则称为顺序内聚。

（7）功能内聚。模块中各处理成分属于一个整体，都为了完成同一功能，很难分割，则称为功能内聚。

4. 模块划分原则

深度：软件结构中模块的层数，它表示控制的层数，在一定意义能粗略地反映系统的规模和复杂程度。

宽度：同一层次上模块的最大个数。

扇出：是一个模块直接调用的模块数目。经验证明，好的系统结构的平均扇出数一般是 3~5 个，不能超过 9 个。

扇入：有多少个上级模块直接调用它。

软件结构通常采用模块分解的方法得到，分解时应遵循下列四个原则：

原则 1：提高模块的独立性。可以通过降低模块间的耦合，提高模块的内聚达到。

原则 2：模块规模适中。模块的大小一般在一页纸内，大了不易理解，小了不易表现功能。

原则 3：模块的扇入、扇出适当。

扇出过大，表明该模块分解太细，需要控制和协调过多的下属模块。经验表明，当一个模块的扇出大于 7 时，出错率会急剧上升。

扇出过小，软件结构的层次过多。扇出一般以 3~5 为宜。

扇出过大的模块，适当增加中间层次的控制模块。扇出过小的模块，考虑将其并入其上级模块中。当然分解或合并模块应遵循模块独立性原则，并符合问题结构。

模块的扇入大表明模块复用性好，应适当加大模块扇入。

一个好的软件结构通常呈"腰鼓"形，顶层模块扇出大，中间层模块扇出较小，底层模块扇入大，但不必刻意追求。

原则 4：作用域保持在控制域中。

模块的控制域是该模块本身及其直接或间接的下属模块的集合。一个好的软件结构中，所有受判定影响的模块都应从属于做出判断的模块，最好是直接下属模块。

三、系统结构图

系统结构图（SC 图）是结构化设计方法在概要设计中使用的主要表达工具，用来表示软件的组成模块及其调用关系。在 SC 图中，用矩形框表示模块，用带箭头的连线表示模块间的调用关系。在调用线的两旁应写出传入和传出模块的数据流。

在系统结构图中，不能再分解的底层模块称为原子模块，如果一个软件系统的全部加工由原子模块来完成，其他非原子模块仅执行控制或协调功能，这样的系统就是完全因子分解的系统，是最为理想的系统。但实际上，这只是努力达到的目标，大多数系统做不到完全因子分解。

1. 系统结构图组成符号

（1）传入模块，从下属调用模块取得数据，经过处理，再将其传送给上级调用模块，如图 3-9（a）所示。

（2）传出模块，从上级调用模块获得数据，进行处理，再将其传送给下属调用模块，如图 3-9（b）所示。

（3）变换模块，也称加工模块，它从上级模块取得数据，进行特定处理，转换成其他形式，再传送给上级模块，如图 3-9（c）所示。

（4）源模块是不调用其他模块的传入模块，仅用于传入部分的始端，如图 3-9（d）所示。

（5）终模块是不调用其他模块的传出模块，仅用于传出部分的末端，如图 3-9（e）所示。

（6）控制模块只调用其他模块，不受其他模块调用的模块，如图 3-9（f）所示。

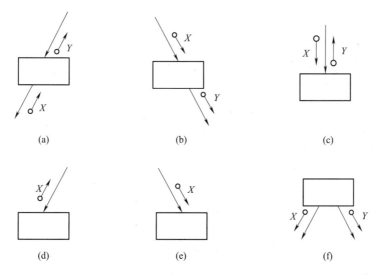

图 3-9　系统结构图组成符号

2. 系统结构图中模块的调用关系

（1）简单调用。在 SC 图中，调用线的箭头指向被调用的模块。例如，在图 3-10（a）中，模块 A 调用模块 B、C、D。

（2）选择调用。选择调用的画法如图 3-10（b）所示，用菱形符号表示选择关系。模块 A 与

B 的调用关系是根据它内部的判断来决定是否调用，而模块 A 与 C、D 的调用关系是模块 A 按照另一判定结果选择调用模块 C 或 D。

（3）循环调用。循环调用在调用始端用环形箭头表示。如图 3－10（c）所示，模块 A 将根据内在的循环条件重复调用模块 B、C、D，直至模块 A 内部出现满足循环终止的条件为止。

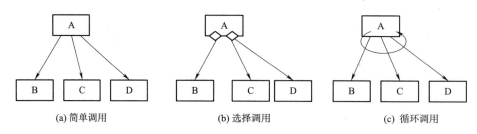

(a) 简单调用　　　　　　　　(b) 选择调用　　　　　　　　(c) 循环调用

图 3－10　模块调用关系

3. 系统结构图的类型

在数据流图所代表的结构化设计模型中，所有系统均可纳入两种典型的形式，结构化设计就是要将数据流图映射为系统结构图。有两种典型的数据流图：变换型数据流图和事务型数据流图。系统结构图也有两种类型：变换型系统结构图和事务型系统结构图。

1）变换型

变换型数据流图是以变换为中心，由输入、主处理、输出（Input-Process-Output，IPO）三部分组成。主处理的输入数据流称为逻辑输入，主处理的输出数据流称为逻辑输出。主处理是加工变换的中心，它对输入的逻辑输入流进行加工变换后，转换成逻辑输出流。如图 3－11 所示。

变换分析策略的步骤：

（1）找出逻辑输入、主处理、逻辑输出；

（2）设计结构图的第一层和第二层；

（3）自顶向下设计下层模块。

系统的结构图由输入、中心变换和输出三部分组成。输入模块将 X 传送给主模块，再调用变换模块将 X 变换为 Y，最后调用输出模块输出 Y，如图 3－12 所示。

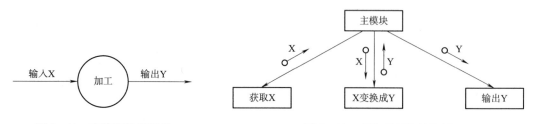

图 3－11　变换型数据流图　　　　　　图 3－12　变换型系统结构图

变换型结构图中，每个模块都是功能型的，模块间只传递少量的数据型参数，接口清楚，因此模块的内聚性较高，模块间的耦合性较好。

2）事务型

事务型数据流图是以事务为中心的，一个中心处理将其输入数据流分离成一串平行的输出数据流。事务型数据流图如图 3 – 13 所示。

事务分析策略的步骤：

（1）识别事务中心处理和事务处理。

（2）设计结构图的第一层和第二层。第一层为事务中心处理模块，第二层为各事务处理模块，加上一个输入模块和一个输出模块。

（3）为每个事务处理设计下层操作模块，可以共享。

（4）设计细节模块，也可以被操作模块共享。

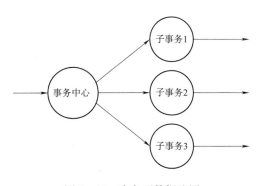

图 3 – 13　事务型数据流图

一个事务处理中心模块通常由若干事务组成，每个事务又可以由若干操作模块组成，如图 3 – 14 所示。

各个操作模块也可以进行更细致的划分，操作模块的子模块通常称为细节模块。典型的事务型结构图如图 3 – 15 所示。

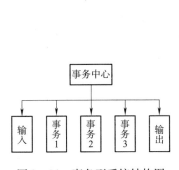

图 3 – 14　事务型系统结构图

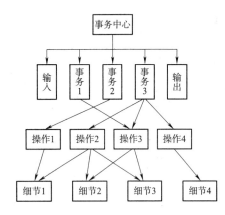

图 3 – 15　操作模块

任务实施

（1）缴费子系统顶层数据流（DFD）图和第二层 DFD 如图 3 – 16 和图 3 – 17 所示。

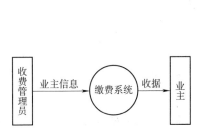

图 3 – 16　缴费子系统顶层 DFD 图

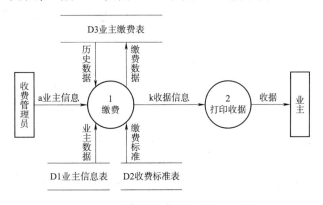

图 3 – 17　缴费子系统第二层 DFD 图

由收费子系统的顶层数据流图分析,这是变换型数据流图。第二层数据流图中"打印收据"加工是明显的输出模块,由此可得到变换型系统结构图,如图 3 – 18 所示。

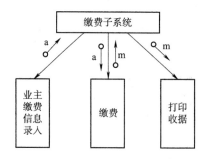

图 3 – 18　缴费子系统顶层系统结构图

(2) 缴费子系统第三层 DFD 图如图 3 – 19 所示,其转换的系统结构图如图 3 – 20 所示。

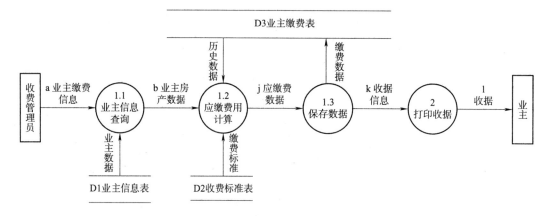

图 3 – 19　缴费子系统第三层 DFD 图

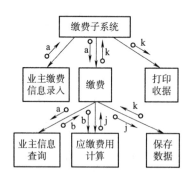

图 3 – 20　缴费子系统结构图(一)

(3) 其中数据加工"1.2 应缴费用计算"可以进一步分解,由图 4 – 18 得到第四层 DFD 图,如图 3 – 21 所示:

由第三层数据流图分析可知,数据加工"1.2 应缴费用计算"是变换型数据加工,但其分解后得到三个事务型子加工,如图 3 – 22 所示。

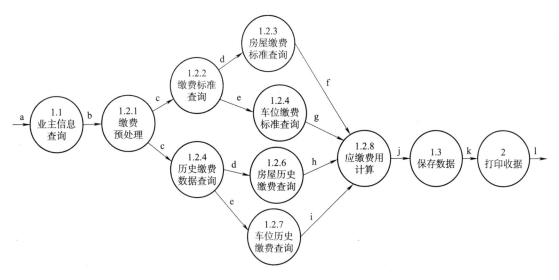

图 3-21　缴费子系统第四层 DFD 图

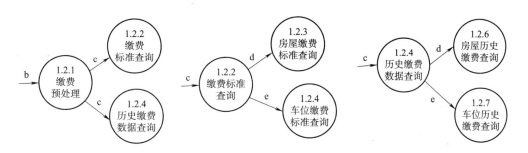

图 3-22　应缴费用计算中的事务型加工

图 3-22 中设计的数据流编号及其名称见表 3-1。

表 3-1　缴费子系统数据流名称表

编　号	数据流名称	编　号	数据流名称
a	业主缴费信息	g	车位缴费标准
b	业主房产数据	h	房屋物业费到期日
c	d 门牌号、e 车位号	i	车位物业费到期日
d	门牌号	j	应缴费数据
e	车位号	k	收据信息
f	房屋缴费标准	l	收据

通常情况下，软件的数据流图通常是由变换型和事务型组成的混合型数据流图，将图 4-20 所示的数据流图转换为系统结构图，如图 3-23 所示。

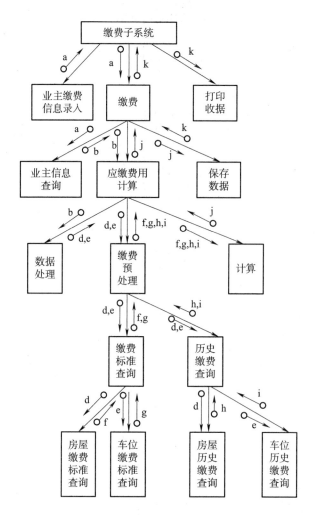

图 3-23　缴费子系统结构图（二）

知识拓展

系统概要设计文档主要包括如下内容：

1. 引言

1）编写目的

阐明编写概要设计说明书的目的，指出预期的读者。

2）系统概述

本系统用于小区物业管理，维护小区、管理人员、房屋、建筑、商铺、车位等信息，便于小区的日常管理和缴费，提高工作效率。

3）文档概述

本《概要设计说明书》的读者为项目组全体成员，为明确软件需求，安排项目规划与进度，组织软件开发与测试而撰写，供项目经理、开发人员、软件测试人员等参考。本系统的编写目的如下：

（1）定义软件的总体设计方案，以此作为用户和软件开发人员之间相互了解的基础。

（2）提供性能要求、初步设计和对用户影响的信息，以此作为软件结构设计和编码的基础。

（3）作为软件总体测试的依据。

4）参考资料

列出有关资料的作者、标题、编号、发表日期、出版单位或资料来源，还可包括：项目经核准的计划任务书、合同，项目开发计划，需求规格说明书，测试计划初稿，用户操作手册初稿，文档所引用的资料或采用的标准、规范。

2. 系统结构设计

1）模块划分

物业管理系统的模块划分如表 3 – 2 所示：

表 3 – 2　物业管理系统模块划分表

模块名称	模块主要功能
小区管理	增加小区、删除小区、修改小区信息、小区信息查询
业务人员管理	增加业务人员、删除业务人员、修改业务人员信息、业务人员信息查询
权限管理	权限设置、密码重置
建筑管理	增加建筑、删除建筑、修改建筑信息、查询建筑、建筑信息导入/导出
商铺管理	增加商铺、删除商铺、修改商铺信息、查询商铺、商铺信息导入/导出
车位管理	增加车位、删除车位、修改车位信息、查询车位、车位信息导入/导出
房屋管理	增加房屋、删除房屋、修改房屋信息、查询房屋、房屋信息导入/导出
缴费	房屋物业缴费、车位缴费
缴费查询	房屋缴费信息查询、房屋信息查询、业主本人信息查询

2）系统结构图

依据需求分析的数据流图绘制系统结构图。

3）数据结构

依据需求分析中的数据流、数据字典内容设计数据表和数据库。

4）系统执行

从用户使用的角度绘制系统总的流程图。

习　　题

一、选择题

1. 与软件需求分析一样，软件设计也有两种主要设计方法：以结构化设计为基础的

_____和由面向对象导出的_____。

2. 传统的软件设计任务通常分两个阶段完成。第一个阶段是_____，包括体系结构设计和接口设计，并编写概要设计文档；第二个阶段是_____，其任务是确定各个软件组件数据结构和操作，产生描述各软件组件的详细设计文档。

3. 结构化的软件设计方法是一种_____的设计方法，在面向数据流的方法中，数据流是考虑一切问题的出发点。

二、思考题

1. 简述结构化软件设计的实施步骤。

2. 简述结构化软件设计变换型分析和事物型分析的过程。

任务 2　详 细 设 计

任务导入

在将总体设计变成代码之前还需要经历一个阶段，即详细设计阶段。总体设计文档相当于机械设计中的装配图，而详细设计文档相当于机械设计中的零件图。文档的编排、装订方式也可以参考机械图纸的方法。

各个模块可以分给不同的人去并行设计。在详细设计阶段，设计者的工作对象是一个模块，根据总体设计赋予的局部任务和对外接口，设计并表达出模块的算法、流程、状态转换等内容。这里要注意，如果发现有结构调整（如分解出子模块等）的必要，必须返回到总体设计阶段，将调整反映到总体设计文档中，而不能就地解决，不打招呼。详细设计文档最重要的部分是模块的流程图、局部变量及相应的文字说明等。一个模块需要提供一篇详细设计文档。在面向对象的系统设计和对象设计中还要考虑待建系统的用户界面和数据管理设计以及子系统的任务管理设计。

知识技能准备

一、详细设计概述

在详细设计阶段，要设计各个模块的实现方法，并精确地表达各种算法，为此，需要采用恰当的表达工具。表达过程说明的工具称为详细设计工具，可分为如下三类：

（1）图形工具。将设计细节用图形方式描述出来。

（2）表格工具。用表格表达过程细节，表格列出各种可能的操作及条件，描述了输入、处理、输出信息。

（3）语言工具。可以用高级语言的伪码来描述过程细节。

1. 详细设计的基本任务

详细设计的主要任务是确定软件各个组成部分的算法以及各部分的内部数据结构和各个组成部分的逻辑过程，此外，还要做以下几方面工作。

（1）数据结构和算法设计。对需求分析、概要设计确定的概念性数据类型进行确切的定义。用图形、表格、语言等工具将每个模块处理过程的详细算法描述出来。

（2）物理设计。物理设计是确定数据库的物理结构，数据库的物理结构指数据库的记录格式、存储安排和存储方法，这些都依赖于所使用的数据库系统。

（3）性能设计。性能需求主要是确定必需的算法和模块间的控制方式。主要考察以下 4 个指标：

①周转时间，指从输入到输出的整个时间。

②响应时间，指从用户执行一次输入操作之后到系统输出结果的时间间隔。

③吞吐量，指单位时间内能处理的数据量，是标志系统能力的指标。

④确定外部信号的接收/发送形式。

（4）其他设计。根据软件系统的类型还可能要进行以下设计：

①代码设计。为了提高操作性能，节约内存空间，对数据库中的某些数据项的值要进行代码设计。

②输入/输出格式设计。

③人机对话设计。对于一个实时系统，用户与计算机频繁对话，因此要进行对话方式、内容和格式的具体设计。

（5）编写详细设计说明书。

2. 详细设计方法

详细设计时可以对模块进行三个方面的描述：

（1）模块描述：描述该模块的主要功能、要解决的问题、这个模块在什么时候被调用和为什么要设计这个模块。

（2）算法描述：确定模块设计的必要性之后，还需要确定这个模块的算法，包括公式、边界和特殊条件，还包括参考资料等。

（3）数据描述：描述模块内部的数据流，对于面向对象的模块，主要描述对象之间的关系。

3. 结构化程序设计

结构化程序设计是一种设计程序的技术，它采用自顶向下逐步求精的设计方法和单入口单出口的控制结构。任一程序结构都可以由顺序结构、选择结构、循环结构三种基本结构组合构成。

结构程序设计技术的优点：

（1）提高软件开发工程的成功率和生产率。

（2）系统有清晰的层次结构，易于阅读理解。

（3）单入口单出口的控制结构，易于诊断纠正。

（4）模块化使得软件可以重用。

（5）程序逻辑结构清晰，有利于程序正确性证明。

4. 详细设计工具

1）程序流程图

流程图（Flow Chart）通过图形化的方式来表示一系列操作以及操作执行的顺序，又称程序框图。它是软件开发者最熟悉的，也是最早出现和使用的算法表达工具之一。流程图的常用元素符号见表 3 - 3。

表 3 - 3　流程图的常用元素符号

名称	图　例	说　明
终结符		表示开始和结束
处理		表示程序的处理过程
判断		表示逻辑判断或分支，在框内填写判断条件
输入/输出		获取输入信息，记录或显示输出信息
连线	⟶	连接其他符号，表示执行顺序或数据流向

使用以上元素符号可以描述的基本控制结构有如下 3 种：

（1）顺序结构。顺序型结构的表示程序由连续的处理步骤依次排列构成，如图 3 - 24 所示。

（2）选择结构。选择结构表示程序由逻辑判断条件的取值决定选择两个处理中的一个执行，如图 3 - 25 所示。

（3）循环结构。循环结构由当型循环结构和直到型循环结构组成。当型循环结构是先判断循环条件，如果条件成立则重复执行循环体语句，否则跳出循环体执行循环后面的语句，如图 3 - 26 所示，直到型循环结构先执行循环体语句然后判断循环条件，条件成立继续执行循环体语句，否则跳出循环体，如图 3 - 27 所示。

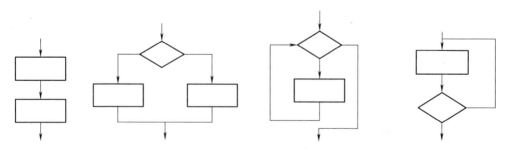

图 3 - 24　顺序结构　　图 3 - 25　选择结构　　图 3 - 26　当型循环结构　　图 3 - 27　直到型循环结构

程序流程图的优点是：直观、易学、使用广泛。

其缺点是：诱使程序员过早地考虑控制流，容易忽略整体结构；控制流绘制时容易乱转移，破坏结构；不容易表示数据结构；不适于大型程序的设计，仅适于小规模程序的设计。

2）N—S 图

N—S 图又称为盒图，所有的程序结构均使用矩形框表示，以清晰地表达结构中的嵌套及模块的层次关系。N—S 图是 Nassi 和 Shneiderman 共同提出的一种图形工具，所以得名。在 N—S 图中，基本控制结构的表示符号如图 3 -28 所示。

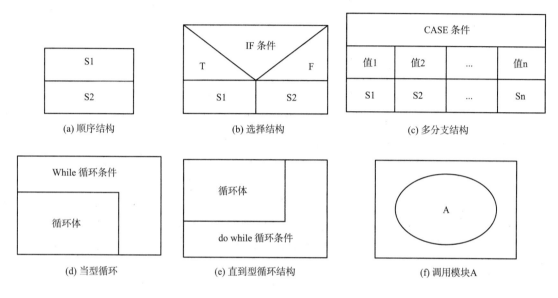

图 3 - 28　N—S 图基本控制结构

N—S 盒式图的特点：功能表达明确，从图上可以直接看出；容易确定局部数据和全局数据的作用域；容易表达模块的层次与嵌套关系；容易培养程序员养成结构化分析问题和解决问题的习惯；没有控制流线，不可能任意转移控制；控制关系隐含、循环次数隐含；实际上是程序流程图去掉控制流线的变种。

3）PDL 伪语言

PDL（Program Design Language）是一种用于描述功能模块的算法设计和加工细节的语言，又称为程序设计语言或伪码，其语法结构是仿照 Pascal 语言的。PDL 描述的总体结构和一般的程序很相似，包括数据说明部分和过程部分，也可以带有注释等成分。但它是一种非形式的语言，对于控制结构的描述是确定的，而控制结构内部的描述语法不确定，可以根据不同的应用领域和设计层次灵活选用描述方式，也可以使用自然语言。

PDL 数据说明的形式为：

```
TYPE <变量名> IS  <限定词1>  <限定词2>
```

其中：

< 变量名 >——局部变量或全局变量；

　　<限定词 1 >——某个特定关键字（例如，SCALAR，ARRAY，LIST，STRING，STRUTURE 等）；

　　<限定词 2 >——说明此处定义的变量在该过程或整个程序中应如何使用。

　　PDL 书写的模块结构如下：

```
PROCEDURE <过程名> (<参数名>) <数据说明部分> <语句部分> END <过程名>
```

数据说明部分形式如下：

```
<数据说明表>
```

数据说明表由一串说明项构成，每个说明项形如：

```
<数据项名> As <类型字或用户定义的类型名>
```

　　语句部分可以包括赋值语句、if-then-else 语句、do-while 语句、for 语句、调用语句、返回语句等。与一般程序模块不同，其语句中除描述控制结构的关键字外，书写格式没有严格定义。

　　下面简单介绍几种使用 PDL 描述的常用控制结构。

　　（1）选择结构。

　　①IF 语句：

```
IF
<条件描述>
THEN <程序块或伪代码语句 1>;
ELSE <程序块或伪代码语句 2>;
ENDIF
```

　　②CASE 语句：

```
CASE OF <情况变量名>
  WHEN <第 1 种情况> SELECT <块结构或语句 1>
  WHEN <第 2 种情况> SELECT <块结构或语句 2>
  …
  WHEN <第 n 种情况> SELECT <块结构或语句 n>
  DEFAULT: <块结构或语句 n+1>
ENDCASE
```

　　（2）循环结构。

　　①当型循环

```
DO WHILE <条件描述>
<程序块或伪代码语句>;
ENDDO
```

　　②直到型循环

```
REPEAT UNTIL <条件描述>
<程序块或伪代码语句>;
ENDREP
```

　　或

```
DO LOOP
<程序块或伪代码语句 >;
EXIT WHEN <条件描述 >
ENDLOOP
```

③FOR 循环

```
DO FOR <下标 = 下标表，表达式或序列 >
<程序块或伪代码语句 >
ENDFOR
```

（3）子程序。

```
PROCEDURE <子程序名 > <一组属性 >
INTERFACE <参数表 >
END
```

（4）输入/输出结构。

```
READ/WRITE TO <设备 > <I/O 表 >
```

或

```
ASK <询问 > ANSWER <响应选项 >
```

注意： 这里的 <设备 > 指物理的输入/输出设备，<I/O 表 > 中包含着要传送的变量名。后一种形式多用于人机交互部分的设计。

PDL 应该具有下述特点：

（1）关键字的固定语法，它提供了结构化控制结构、数据说明和模块化的特点。为了使结构清晰、可读性更好，通常在所有可能嵌套使用的控制结构的头和尾都有关键字，例如，IF…FI（或 IF…ENDIF）等等。

（2）自然语言的自由语法，它描述处理特点。

（3）数据说明的手段。应该既包括简单的数据结构（如纯量和数组），又包括复杂的数据结构（如链表或层次的数据结构）。

（4）模块定义和调用的技术，应该提供各种接口描述模式。

二、用户界面设计

用户界面设计即人机界面设计。由于要突出用户如何命令系统以及系统如何向用户提交信息，因此需要在设计中加入人机交互设计部分，并用原型来帮助实际交互机制的开发与选择。现代信息系统的开发大都采用图形用户界面（Graphical User Interface，GUI），人机接口部件的基本对象有窗口、菜单、图标和各种控件的应用。

系统需求分析阶段的用例模型描述了用户和系统的交互情况（即确定了用户与系统交互的属性和外部服务），在系统设计阶段应据此考虑人机交互，即用户如何操作、系统如何响应命令、系统以什么样的格式显示信息报表等。如今已有许多可视化开发工具，能够提供大量可复用的基础图形（如窗口、菜单、按钮、对话框等）类库，帮助设计用户界面，但是要设计出令用户满意的人机交互界面却不是一件很容易的事情。一款优秀的软件界面设计需要考虑软件界面布局的合理性、软件界面设计的规范性、软件界面操作可定制性和软件界面风格的一致性。

1. 用户界面设计原则

用户界面设计的三大原则是：

1）对用户特点进行分类，设计不同界面

不同类型的用户对系统操作的要求是不相同的，可按照工作性质、掌握技术的熟练程度和对系统的访问权限进行分类，尽量照顾到所有用户的合理要求，优先满足特权用户的需要。通常在设计系统时，可参考市场常用的优秀商品软件，尽量遵循用户界面的一般原则和规范，然后根据用户分析结果确定初步的系统用户界面，最后优化直到用户满意为止。要设计出让用户满意的人机交互界面，需要遵循下列准则：

（1）一致性。尽量使用一致的术语、一致的步骤、一致的动作。

（2）减少操作，提供在线帮助。应将用户为完成某项任务而单击鼠标的次数或敲击键盘的次数减至最少，另外要为熟练用户提供简捷操作方法（如快捷键）。界面上应提供联机参考资料，以方便用户在遇到困难时随时参阅。

（3）避免用户的大量记忆内容。不应要求用户记住在某个窗口中显示的信息，要将用户在使用系统时用于思考人机交互方法所花费的时间减到最少，而将完成用户想做的工作所用的时间增加至最大。

2）增加用户界面专用的类和对象

用户界面专用类的设计通常与所选用的图形用户界面有关。目前主流的 Windows、X-Windows 等 GUI 通常都依赖于具体的平台，在字型（包括字体、字号、风格）、坐标系和事件处理等方面有差异。为此，首先利用类结构图来描述各窗口及其分量的关系；其次，为每个窗口类定义菜单条、下拉式菜单和弹出菜单，同时定义必需的操作，完成菜单创建、高亮度显示所选菜单项及其对应动作等功能，以及将要在窗口内显示的所有信息。在必要时还可增设窗口中快速选项、选字体和剪切等专用类。

3）利用快速原型演化界面设计

用户界面设计是一个迭代过程，直至与用户模型和系统假想一致为止，如图 3-29 所示。

2. 用户界面规范

除了遵守上述三大原则之外，良好的用户界面一般都符合下列用户界面规范。

1）软件界面布局的合理性

界面的合理性指界面与软件功能融洽，界面的布局和颜色协调等。界面布局的合理性主要包括 4 方面内容：

（1）屏幕不能拥挤，整个项目采用统一的控件间距。

（2）控件按区域排列。一行控件纵向中对齐，控件间距基本保持一致，行与行之间间距相似，靠窗体的控件距窗体边缘的距离应大于行间距。当屏幕有多个编辑区域，要以视觉成效和效率来组织这些区域。

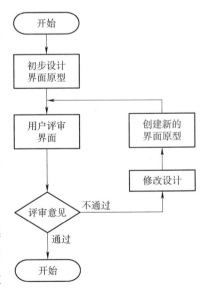

图 3-29　界面设计演进过程

（3）有效组合，逻辑上相关联的控件应当加以组合以示意其关联性。

（4）固定窗口大小，不准许改动尺寸。

界面颜色搭配方面主要指运用恰当的颜色，使软件的界面看起来更加规范。

（1）统一色调，针对软件类型以及用户工作环境挑选恰当色调。

（2）与操作系统统一，读取系统准则色表。

（3）遵循比较原则，在浅色背景上运用深色文字，深色背景上运用浅色文字。

（4）整个界面色彩尽量少地运用类别不一样的颜色。

（5）颜色方案也许会因为显示器、显卡、操作系统等原因显示出不一样的色彩。

（6）针对色盲、色弱用户，能够运用特殊指示符。

2）软件界面设计的规范性

遵循一致的准则，确立准则并遵循，是软件界面设计中必不可少的环节。确立界面准则便于用户操作，使用户感到统一、规范，在运用软件的流程中能轻松愉快地完成操作，提高对软件的认知。此外，能够降低培训、支撑成本，不必花费较多的人力对客户进行逐一指导。

3）软件界面操作可定制性

界面的可定制性大致可体现为以下几方面：

（1）元素可定制。

（2）工具栏可定制。

（3）统计检索可定制。

（4）软件界面所包含各类元素准则的定制：窗口、菜单、图标、控件、鼠标、文字、联机帮助。

4）软件界面风格的一致性

界面的一致性既包含运用准则的控件，也指相似的信息表现要领，如在字体、标签风格、颜色、术语、显示错误信息等方面确保一致。界面风格一致性表现为以下几方面：

（1）在不一样分辨率下的美观程度。

（2）界面布局要一致。

（3）界面外观要一致。

（4）界面所用颜色要一致。

（5）操作要领要一致。

（6）控件风格、控件功能要专一：不错误地运用控件，一个控件只做单一功能，运用 Table 页。

（7）标签和讯息的措辞要一致。

（8）标签中文字信息的对齐方式要一致。

（9）快捷键在各个配置项上语义要一致。

5）菜单位置原则

菜单是界面上最重要的元素，菜单位置通常按照功能来组织。其设置原则如下：

（1）菜单通常按照"常用—主要—次要—工具—帮助"的位置排列，符合流行的 Windows 风格。

（2）常用的有"文件""编辑""查看"等菜单，几乎每个系统都有，当然要根据不同的系统有所取舍。

（3）下拉菜单要根据菜单选项的含义进行分组，并按照一定的规则进行排列，用横线隔开。

（4）一组菜单的使用有先后要求或有向导作用时，应该按先后次序排列。

（5）没有顺序要求的菜单项按使用频率和重要性排列，常用的放在前面，不常用的放在后面；重要的放在前面，次要的放在后面。

（6）如果菜单选项较多，应该采用加长菜单的长度而减少深度的原则排列。

（7）菜单深度一般要求最多控制在 3 层以内。

（8）对常用的菜单要有快捷命令方式。

（9）对与进行的操作无关的菜单要用屏蔽的方式加以处理，采用动态加载方式（只有需要的菜单才显示）最好。

（10）菜单前的图标不宜太大，与字高保持一致最好。

（11）主菜单的宽度要接近，字数不应多于 4 个，每个菜单的字数能相同最好。

（12）主菜单数目不应太多，宜为单排布置。

6）快捷方式的组合原则

在菜单及工具按钮中使用快捷键可以让喜欢使用键盘的用户操作得更快一些。在 Windows 操作系统及其常用应用软件中快捷键的使用大多是一致的。菜单中的快捷键组合应符合用户的使用习惯，常用快捷键有：

（1）面向事务的组合：［Ctrl + D］（删除）、［Ctrl + F］（寻找）、［Ctrl + H］（替换）、［Ctrl + I］（插入）、［Ctrl + N］（新记录）、［Ctrl + S］（保存）、［Ctrl + O］（打开）。

（2）列表相关的组合：［Ctrl + R］或［Ctrl + G］（定位）、［Ctrl + Tab］（下一分页窗口或反序浏览同一页面控件）。

（3）编辑相关组合：［Ctrl + A］（全选）、［Ctrl + C］（复制）、［Ctrl + V］（粘贴）、［Ctrl + X］（剪切）、［Ctrl + Z］（撤销操作）、［Ctrl + Y］（恢复操作）。

（4）文件操作相关组合：［Ctrl + P］（打印）、［Ctrl + W］（关闭）。

（5）系统菜单的相关组合：［Alt + A］（文件）、［Alt + E］（编辑）、［Alt + T］（工具）、［Alt + W］（窗口）、［Alt + H］（帮助）。

（6）MS Windows 保留键：［Ctrl + Esc］（任务列表）、［Ctrl + F4］（关闭窗口）、［Alt + F4］（结束应用）、［Alt + Tab］（下一应用）、［Enter］（默认按钮/确认操作）、［Esc］（取消按钮/取消操作）、［Shift + F1］（上下文相关帮助）。

（7）按钮中的快捷键可以根据系统需要进行调节，以下是一些常用组合：［Alt + Y］（确定或是）、［Alt + C］（取消）、［Alt + N］（否）、［Alt + D］（删除）、［Alt + Q］（退出）、［Alt + A］（添加）、［Alt + E］（编辑）、［Alt + B］（浏览）、［Alt + R］（读）、［Alt + W］（写）。

这些快捷键也可以作为开发中文应用软件的标准，但亦可使用汉语拼音的开头字母。

7）排错性考虑原则

在界面上通过下列方式来控制出错率，会大大减少系统因用户人为错误引起的破坏。开发者应当尽量周全地考虑到各种可能发生的问题，使出错的可能降至最低。如应用出现保护性错误而退出系统，这种错误最容易使用户对软件失去信心。因为这意味着用户要中断思路，并费时费力地重新登录，而且已进行的操作也会因没有存盘而全部丢失。排错性考虑原则如下：

（1）最重要的是排除可能会使应用非正常中止的错误。

（2）应当注意尽可能避免用户无意输入无效的数据。

（3）采用相关控件限制用户输入值的种类。

（4）当用户选择的可能性只有两个时，可以采用单选框。

（5）当选择的可能性多于两个时，可以采用复选框，每一种选择都是有效的，用户不可能输入任何一种无效的选择。

（6）当选项特别多时，可以采用列表框或下拉式列表框。

（7）在一个应用系统中，开发者应当避免用户做出未经授权或没有意义的操作。

（8）对可能引起致命错误或系统出错的输入字符或动作要进行限制或屏蔽。

（9）对可能发生严重后果的操作要有补救措施，通过补救措施用户可以回到原来的正确状态。

（10）对一些特殊符号或与系统使用的符号相冲突的字符等进行判断并阻止用户输入该字符。

（11）对错误操作最好支持可逆性处理，如取消系列操作。

（12）在输入有效性字符之前应该阻止用户进行只有输入之后才可进行的操作。

（13）对可能造成等待时间较长的操作应该提供取消功能。

（14）对与系统采用的保留字符冲突的情况要加以限制。

（15）在读入用户输入的信息时，应该根据需要选择是否去掉信息前后的空格。

（16）有些读入数据库的字段不支持中间有空格，但用户确实需要输入中间空格时，要在程序中加以处理。

8）多窗口的应用与系统资源原则

（1）设计良好的软件不仅要有完备的功能，还要尽可能占用最低限度的资源。

（2）在多窗口系统中，要求有些界面必须保持在最顶层，避免用户在打开多个窗口时，不停切换甚至最小化其他窗口来显示该窗口。

（3）在主界面载入完毕后自动空出内存，让出所占用的系统资源。

（4）关闭所有窗口，系统退出后要释放所占用的所有系统资源，除非是需要后台运行的系统，尽量防止对系统的独占使用。

三、数据管理设计

数据管理设计是指建立一组类和协作，使系统管理一些永久的数据（如文件、数据库等）。设计数据管理既要包括数据存放方法的设计，还要包括相应服务的设计。应当为每个带有存储对象的类和对象增加一个属性和服务，使用户知道如何存储。常用的数据管理方法有：关系型数据库管理系统和面向对象数据库管理系统。

每一个应用系统都需要解决对象数据的存储和检索问题。在面向对象设计中，通常定义专用数据管理组件，将软件系统中依赖开发平台的数据存取部分与其他功能分离，使数据存取通过其他数据管理系统（如关系型数据库）实现。

无论基于哪种数据管理方法，数据管理组件的设计都应包括定义数据格式和设计相应的操作两部分。

1. 定义数据格式

定义数据格式的方法与所使用的数据存储管理模式密切相关，下面以关系型数据库管理系统和面向对象数据库管理系统为存储管理模式，分别介绍数据格式定义。

（1）关系型数据库管理系统。关系型数据库管理系统定义数据格式的工作包括：

①用数据表格的形式列举每个类的属性。

②将所有表格规范为第三范式。

③为每个第三范式表格定义一个数据库表。

④从存储和其他性能要求等方面评估，修改完善原设计的第三范式。例如，将多个属性组合以减少空间耗费；将父、子类合并，以减少文件数目，等。

（2）面向对象数据库管理系统。在实践中，面向对象数据库管理系统有两种实现途径：扩展的关系型数据库途径和扩展的面向对象程序设计语言途径。

①扩展的关系型数据库途径：与关系型数据库管理系统定义数据格式的方法相同。

②扩展的面向对象程序设计语言途径：因为数据库管理系统本身具有把对象映射成存储值的功能，所以不需要规范化属性步骤。

2. 设计相应的操作

不同的数据存储管理模式，相应的操作方法设计也不同。

（1）关系型数据库管理系统。被存储的对象需要知道应该访问哪些数据库表，如何访问所需要的行，以及如何更新。另外，还要定义一个 Object Server 类，声明它的对象提供以下服务：

①通知对象保存自己。

②检索已存储的对象，以便其他子系统使用。

（2）面向对象数据库管理系统。

①扩展的关系型数据库途径：与关系型数据库管理系统定义数据格式的方法相同。

②扩展的面向对象程序设计语言途径：无须增加操作，在数据库管理系统中已经为每个对象提供了"存储自己"的操作。

任务实施

缴费子系统界面设计

（1）打开 Visio 2013，在"新建"菜单搜索条中选择"软件"，再选择其中的"线框图表"，如图 3 - 30 所示。

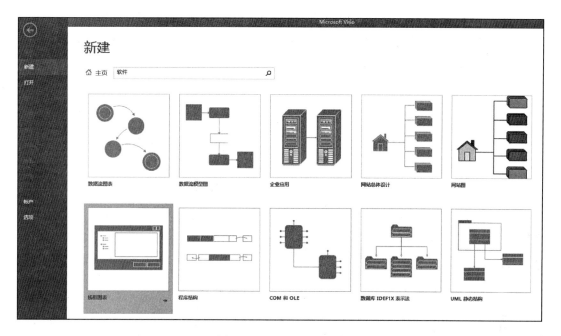

图 3 – 30　Visio 界面设计

（2）利用 Visio 的界面设计功能可得到图 3 – 31。

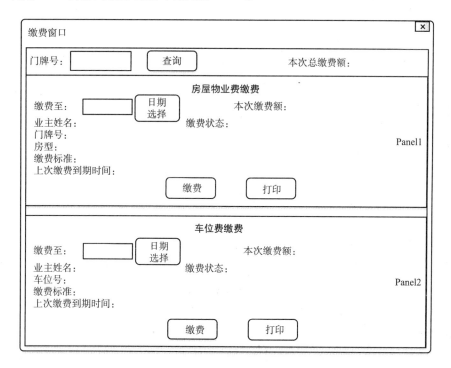

图 3 – 31　缴费界面设计

在图 3 – 31 所示的缴费窗口中首先输入业主的门牌号，单击"查询"按钮，分别在下方的 2 个面板中显示业主的房产缴费信息和车位缴费信息。业主可能没有车位，因此 Panel2 中相关信息可以为空。

再单击"日期选择"按钮，选择好本次缴费的缴费到期时间后，会计算出房屋和车位物业管理费的"本次缴费额"。

在业主付款后，单击"缴费"按钮，确认缴费，单击"打印"按钮打印收据凭条。

（3）流程图

缴费子系统流程图见图 3 – 32 所示。

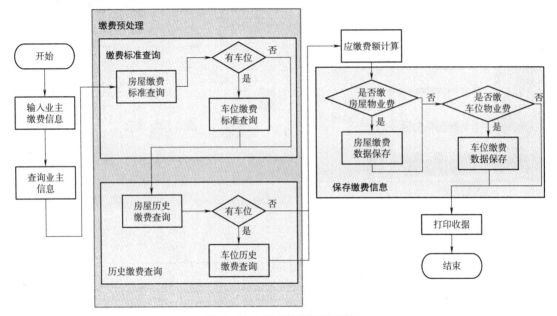

图 3 – 32　缴费子系统流程图

知 识 拓 展

系统详细设计文档主要包括如下内容：

1. 引言

（1）编写目的，阐明编写详细设计说明书的目的，指出预期的读者。

（2）项目背景，包括项目名称，列出此项目的任务提出者、开发者、用户。

（3）定义，列出本文档中所用到的专用术语的定义和缩写词的原意。

（4）参考资料，列出有关资料的作者、标题、编号、发表日期、出版单位或资料来源，还可包括：项目经核准的计划任务书、合同，项目开发计划，需求规格说明书，测试计划初稿，用户操作手册初稿，文档所引用的资料或采用的标准、规范。

2. 系统结构

给出系统的结构框图，包括软件结构、硬件结构框图。用一系列表列出系统内每个模块的名称、标识符和它们之间的层次结构关系。

3. 模块设计

（1）模块描述，给出对该基本模块的简要描述，主要说明安排设计本模块的目的和意义，并说明本模块的特点。

（2）功能，说明该基本模块应具有的功能。

（3）性能，说明对该模块的全部性能要求。

（4）输入项，给出每一个输入项的特性。

（5）输出项，给出每一个输出项的特性。

（6）设计方法，对于软件设计，应该仔细说明本程序所选用的算法、具体的计算公式及计算步骤；对于硬件设计，应该仔细说明本模块的设计原理、元器件的选取、各元器件的逻辑关系及所需要的各种协议等。

（7）流程逻辑，用图表辅助说明本模块的逻辑流程。

（8）接口，说明本模块与其他相关模块间的逻辑连接方式，说明涉及的参数传递方式。

（9）存储分配，根据需要说明本模块的存储分配。

（10）注释设计，说明安排的程序注释。

（11）限制条件，说明本模块在运行使用中所受到的限制条件。

（12）测试计划，说明对本模块进行单体测试的计划，包括对测试的技术要求、输入数据、预期结果、进度安排、人员职责、设备条件、驱动程序等的规定。

（13）尚未解决的问题，说明在本模块的设计中尚未解决而设计者认为在系统完成之前应该解决的问题。

用类似的方式，说明第 2 个乃至第 N 个模块的设计考虑。

习　　题

一、选择题

1. 软件详细设计的主要任务是准确定义所开发的软件系统是（　　　）。

    A. 如何做　　　　　　B. 怎么做　　　　　　C. 做什么　　　　　　D. 对谁做

2. N—S 图通常是（　　　）阶段的工具。

    A. 需求分析　　　　　B. 软件设计　　　　　C. 测试　　　　　　　D. 维护

3. 软件详细设计的主要任务是确定每个模块的（　　　）。

    A. 算法和使用的数据结构　　　　　　B. 外部接口

    C. 功能　　　　　　　　　　　　　　D. 编程

4. 对象图是静态图的一种，它的主要组成部分是（　　　）。

    A. 属性　　　　　　　B. 对象名　　　　　　C. 用户接口　　　　　D. 联系

二、简答题

1. 详细设计的基本任务主要有哪些？

2. 详细设计时应该遵守哪些原则？

3. 传统的软件设计工具有哪些？

4. 设计用户界面时应该注意哪些问题？

单元 4
面向对象方法学

本单元介绍面向对象基本概念、特征、优点，面向对象建模的内容，统一建模语言等内容。

学习目标

- 了解面向对象的概念和特征；
- 熟悉面向对象的模型；
- 熟悉 UML 语言的基本概念；
- 掌握 UML 绘图方法。

任务　了解面向对象方法学

任务导入

在开发管理信息系统中存在各种各样的系统分析方法，结构化分析与设计方法多年来为系统开发人员广泛使用。虽然它有很多优点，今后也将继续为开发人员所使用，但开发人员也应该看到它存在的一些弊端。

（1）结构化方法的本质是功能分解，是围绕处理功能来构造系统的，而用户需求的改动大部分是针对功能的，这必然引起软件结构的变化。

（2）结构化方法严格定义了目标系统的边界，很难把这样的系统扩展到新的边界，系统较难修改和扩充。

（3）结构化方法功能分解的过程有些任意性，不同的开发人员开发相同的系统时，可能经分解而得出不同的软件结构。

（4）开发出的软件复用性较差，或不能实现真正意义上的软件复用。

基于上述种种因素，诞生了一种新的软件开发方法——面向对象方法。

一、面向对象方法概述

面向对象方法（Object-Oriented Method，OOM）解决问题的思路是主张从客观世界固有的事物出发来构造系统，提倡用人类在现实生活中常用的思维方法来认识、理解和描述客观事物，强调最终建立的系统能够映射问题域。

面向对象方法是一种运用一系列面向对象的指导软件构造的概念和原则（如类、对象、抽象、封装、继承、多态、消息等）来构造软件系统的开发方法。

1. 面向对象方法的发展历史

1967 年 5 月 20 日，在挪威奥斯陆郊外的小镇莉沙布举行的 IFIPTC-2 工作会议上，挪威科学家 Ole-Johan Dahl 和 Kristen Nygaard 正式发布了 Simula 67 语言。Simula 67 被认为是最早的面向对象程序设计语言，它引入了所有后来面向对象程序设计语言所遵循的基础概念：对象、类、继承。

20 世纪 70 年代到 80 年代前期，美国施乐公司的帕洛阿尔托研究中心（PARC）开发了 Smalltalk 编程语言。Smalltalk 被公认为历史上第二个面向对象的程序设计语言和第一个真正的集成开发环境（IDE）。Smalltalk-80 是第一个完善的、能够实际应用的面向对象语言，提供了比较完整的面向对象技术解决方案，诸如类、对象、封装、抽象、继承、多态等，对后来出现的面向对象语言，如 Object-C，C++都产生了深远的影响。

随着面向对象语言的出现，面向对象程序设计应运而生且得到迅速发展。之后，面向对象不断向其他阶段渗透，1980 年 Grady Booch 提出了面向对象设计的概念，之后面向对象分析开始。1985 年，第一个商用面向对象数据库问世。1990 年以来，面向对象分析、测试、度量和管理等研究都得到了长足发展。

面向对象程序设计在 80 年代成了一种主导思想，这主要应归功于 C 语言的扩充版 C++语言。在图形用户界面（GUI）日渐崛起的情况下，面向对象程序设计很好地适应了潮流。GUI 和面向对象程序设计的紧密关联在 Mac OSX 中可见一斑。Mac OSX 是由 Objective-C 语言写成的，这一语言是一个仿 Smalltalk 的 C 语言扩充版。面向对象程序设计的思想也使事件处理式的程序设计得到更加广泛的应用（虽然这一概念并非仅存在于面向对象程序设计）。一种说法是，GUI 的引入极大地推动了面向对象程序设计的发展。

1986 年在美国举行了首届《面向对象编程、系统、语言和应用（OOPSLA'86）》国际会议，使面向对象受到世人瞩目，其后每年都举行一次，这进一步标志着面向对象方法的研究已普及到全世界。

20 世纪 90 年代后，Sun 公司开发的 Java 语言成了广为应用的语言，除了它与 C 和 C++语法上的近似性。Java 的可移植性是其成功中不可磨灭的一步，因为这一特性，已吸引了庞大的程序员群的投入。

90 年代以来，人们将面向对象的基本概念和运行机制运用到其他领域，获得了一系列相应领域的面向对象的技术。面向对象方法已被广泛应用于程序设计语言、形式定义、设计方法学、操作系统、分布式系统、人工智能、实时系统、数据库、人机接口、计算机体系结构以及并发工程、综合集成工程等，在许多领域的应用都得到了很大的发展。

2. 面向对象的概念

1）对象

对象是人们要进行研究的任何事物，万事万物皆对象，从最简单的整数到复杂的飞机等均可看作对象，可分为 3 种。

客观对象：现实中的实体。

问题对象：抽象客观对象某些属性和方法来研究在某个问题或场景中的性质。

计算机对象：问题对象通过封装等过程成为计算机中的一个包含数据和操作的集合。

2）对象的状态和行为

对象具有状态，一个对象用数据值来描述它的状态；对象还有操作，用于改变对象的状态，对象及其操作就是对象的行为；对象实现了数据和操作的结合，使数据和操作封装于对象的统一体中。

3）类

具有相同特性（数据元素）和行为（功能）的对象的抽象就是类。因此，对象的抽象是类，类的具体化就是对象，也可以说类的实例是对象，类实际上就是一种数据类型。

类具有属性，它是对象的状态的抽象，用数据结构来描述类的属性；

类具有操作，它是对象的行为的抽象，用操作名和实现该操作的方法来描述。

对类的 4 个角度的理解：类是面向对象程序中的构造单位；类是面向对象程序设计语言的基本成分；类是抽象数据类型的具体表现；类刻画了一组相似对象的共同特性。

4）类的结构

在客观世界中有若干类，这些类之间有一定的结构关系。通常有两种主要的结构关系，即一般和具体结构关系，整体和部分结构关系。

（1）一般和具体结构称为分类结构，也可以说是"或"关系，或"isa"关系。

（2）整体和部分结构称为组装结构，它们之间的关系是一种"与"关系，或者是"hasa"关系。

5）消息和方法

对象之间进行通信的结构称为消息。在对象的操作中，当一个消息发送给某个对象时，消息包含接收对象去执行某种操作的信息。发送一条消息至少要包括说明接受消息的对象名、发送给该对象的消息名（即对象名、方法名）。一般还要对参数加以说明，参数可以是认识该消息的对象所知道的变量名，或者是所有对象都知道的全局变量名。

类中操作的实现过程称为方法，一个方法有方法名、返回值、参数、方法体。

3. 面向对象的特征

1）对象唯一性

每个对象都有自身唯一的标识，通过这种标识，可找到相应的对象。在对象的整个生命期中，它的标识都不改变，不同的对象不能有相同的标识。

2）抽象性

抽象性是指去掉被研究对象中与当前无关的部分，或暂时不用考虑的部件，仅取对当前需求有直接影响的数据结构（属性）和行为（操作）抽象成类。一个类就是这样一种抽象，它反映了与应用有关的重要性质，而忽略其他一些无关内容。任何类的划分都是主观的，但必须与具体的应用有关。

抽象取决于使用者的目的，并没有唯一答案。抽象具有静态与动态的属性。

3）封装性（信息隐藏）

封装性是面向对象的基本特征之一，是指利用抽象数据类型将数据和基于数据的操作（方法）包装起来，是把对象的属性和动作结合成一个独立的单位，并尽可能隐藏对象的内部细节，也就是将一些复杂的处理细节、私有数据封装在类里，使类容易使用，且更加安全，不会去破坏类内的数据。封装保障了数据的安全性和系统的严密性，是系统模块化设计的基础。

封装包含两个含义：把对象的全部属性和全部动作结合在一起，形成一个不可分割的独立单位（即对象）；隐蔽信息，即尽可能隐蔽对象的内部细节，对外形成一个边界〔或者说形成一道屏障〕，只保留有限的对外接口使之与外部发生联系。

封装的原则在软件上的反映是：要求使对象以外的部分不能随意存取对象的内部数据（属性），从而有效地避免了外部错误对它的"交叉感染"，使软件错误能够局部化，大大减少了查错和排错的难度。

4）继承性

继承性是子类自动共享父类数据结构和方法的机制，这是类之间的一种关系。在定义和实现一个类的时候，可以在一个已经存在的类的基础之上来进行，把这个已经存在的类所定义的内容作为自己的内容，并加入若干新的内容。继承性是面向对象程序设计语言不同于其他语言的最重要的特点，是其他语言所没有的。

在类层次中，子类只继承一个父类的数据结构和方法，称为单重继承。

在类层次中，子类继承了多个父类的数据结构和方法，称为多重继承。

在软件开发中，类的继承性使所建立的软件具有开放性、可扩充性，这是信息组织与分类的行之有效的方法，它简化了对象、类的创建工作量，增加了代码的可重用性。

采用继承性，提供了类的规范的等级结构。通过类的继承关系，使公共的特性能够共享，提高了软件的重用性。

5）多态性（多形性）

多态性指相同的操作或函数、过程可作用于多种类型的对象，并获得不同的结果。

多态性允许每个对象以适合自身的方式去响应共同的消息。

多态性增强了软件的灵活性和重用性。

4. 面向对象方法的优势

1）与人类习惯的思维方式一致

由于把描述事物静态属性的数据结构和表示事物动态行为的操作放在一起构成一个整体，可以完整、自然地表示客观世界中的实体，所以面向对象的设计方法强调模拟现实世界的概念而不强调算法，它对问题领域进行自然的分解，确定需要使用的对象和类，建立适当的类等级，在对象之间传递消息实现必要的联系，从而按照人们习惯的思维方式建立起问题领域的模型，模拟客观世界，支持从特殊到一般的归纳思维过程。

2）稳定性好

面向对象方法基于构造问题领域的对象模型，以对象为中心构造软件系统，所以，当对系统的功能需求变化时不会引起软件结构的整体变化，只需做一些局部性修改。例如，从已有类派生出一些新的子类以实现功能扩充或修改增加或删除某些对象。

3）可重用性好

在面向对象方法所使用的对象中，数据和操作是作为平等伙伴出现的，因此，对象具有很强的自含性，此外，对象固有的封装性和信息隐藏机制，使得对象的内部实现与外界隔离，具有较强的独立性。由此可见，对象是比较理想的模块和可重用的软件成分。两种方法可以重复使用一个对象类：一种方法是创建该类的实例，从而直接使用它；另一种方法是从它派生出一个满足当前需要的新类。

4）较易开发大型软件产品

用面向对象方法学开发软件时，构成软件系统的每个对象就像一个微型程序，有自己的数据、操作、功能和用途。因此，可以将一个大型软件产品分解成一系列本质上相互独立的小产品处理，这不仅降低了开发的技术难度，而且也使得对开发工作的管理变得容易多了。

5）可维护性好

（1）面向对象的软件稳定性好。对系统功能需求变化时不会很大程度上地调整整体。

（2）面向对象的软件比较容易修改。类是理想的模块机制，它的独立性好，修改一个类通常很少涉及其他类。

（3）面向对象的软件比较容易理解。面向对象的软件技术符合人们的习惯思维方式，用这种方法所建立的软件系统的结构与问题空间的结构基本一致。

（4）易于测试和调试。类是独立性很强的模块，向类的实例发消息即可运行它，观察它是否能正确地完成要求它做的工作，对类的测试通常容易实现，如果发现错误也往往集中在类的内部，比较容易调试。

二、面向对象分析

无论何种开发方法，其分析过程都是提取系统需求的过程。主要包括 3 项内容：理解、表达和验证。

面向对象分析的关键是识别出问题域内的对象，并分析它们相互间的关系，最终建立问题域的简洁、精确、可理解的正确模型。

1. 面向对象分析的基本任务

面向对象分析的基本任务是运用面向对象方法，对问题域进行分析和理解，找出描述问题域所需的对象及类，定义这些对象和类的属性与服务，以及它们之间所形成的结构、静态联系和动态联系。最终目的是产生一个符合用户需求，并能够直接反映问题域的面向对象分析模型及其软件需求规格说明。

2. 面向对象分析有关术语

（1）主题（Subject）。主题指把一些具有较强联系的类组织在一起而得到的类的集合。对于类较多的大系统，会增加阅读和理解的难度。运用主题划分原则，把众多类组合成较少的几个主题，通过控制可见性，使人们可以从更高的宏观角度观察这些主题，有助于理解总体模型。

（2）问题域（Problem Domain）。问题域指被开发系统的应用领域，即在客观世界中由该系统处理的业务范围。

（3）关联（Association）。关联指对象之间的静态联系。如果这种联系是系统责任所需要的，则要求在 OOA 模型中通过连接明确地表示出来。

（4）聚合（Aggregation）。聚合又称组装，指把一个复杂的事物看成若干个简单的事物的组装体，用于简化对复杂事物的描述。

（5）主动对象。主动对象指至少有一个服务不需要接受消息就能主动执行的对象。

（6）面向对象分析模型。面向对象分析模型是一种用面向对象分析方法建立的系统模型。信息建模是面向对象分析过程中最基本和最关键的活动之一，就是从现实世界的应用领域中捕捉出应用领域的基本结构的过程。

3. 面向对象建模

面向对象建模得到的模型主要由对象模型、动态模型和功能模型组成。

这 3 个模型解决的问题不同，其重要程度也不同：对象模型是最基本、最重要、最核心的，几乎解决任何一个问题都需要从客观世界实体及实体间相互关系抽象出极有价值的对象模型；当问题涉及交互作用和时序时（比如，用户界面及过程控制等），动态模型很重要；解决运算量很大的问题时（比如，高级语言编译科学与工程计算等），功能模型很重要。

1）对象模型

如图 4－1 所示，面向对象分析的对象模型可以由五个层次组成：主题层、类与对象层、结构层、属性层、服务层。这 5 个层次就像叠在一起的 5 张透明塑料片，它们一层比一层显现出对象模型的更多细节。

类和对象层表示待开发系统的基本构造块，对象都是现实世界中应用领域的概念的抽象；属性层由对象的属性和实例连接共同构成；服务层是由对象的服务（方法）加上对象间的消息通信构成；结构层是由应用领域中的特定结构构成；主题层当面向对象分析模型的结构庞大复杂时，众多的对象有时便难以处理，可以将对象归结到一定的主题中，这样，可以将相关的对象归结到一个主题，使得模型结构清晰。

面向对象分析时，大致遵循如下五个基本步骤：

第一步，确定对象和类。这里所说的对象是对数据及其处理方式的抽象，它反映了系统保存和处理现实世界中某些事物的信息的能力。类是多个对象的共同属性和方法集合的描述，它包括如何在一个类中建立一个新对象的描述。

第二步，确定结构（Structure）。结构指问题域的复杂性和连接关系，类成员结构反映了泛化

–特化关系，整体 – 部分结构反映整体和局部之间的关系。

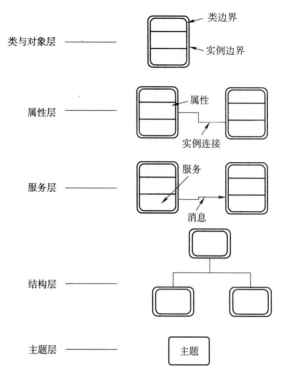

图 4 – 1　面向对象分析对象模型

第三步，确定主题（Subject）。主题指事物的总体概貌和总体分析模型。

第四步，确定属性（Attribute）。属性就是数据元素，可用来描述对象或类结构，并在对象的存储中指定。

第五步，确定方法（Method）。方法是在收到消息后必须进行的一些处理，并在对象的存储中指定。

2）动态模型

动态模型描述系统的动态行为，通过时序图/协作图描述对象的交互，以揭示对象间如何协作来完成每个具体的用例，单个对象的状态变化/动态行为可以通过状态图来表达。

第一步，编写典型交互行为的脚本。虽然脚本中不可能包括每个偶然事件，但是，至少必须保证不遗漏常见的交互行为。

第二步，从脚本中提取出事件，确定触发每个事件的动作对象以及接受事件的目标对象。

第三步，排列事件发生的次序，确定每个对象可能有的状态及状态间的转换关系，并用状态图描绘它们。

最后，比较各个对象的状态图，检查它们之间的一致性，确保事件之间的匹配。

3）功能模型

功能模型表明了系统中数据之间的依赖关系，以及有关的数据处理功能，它由一组数据流图组成。其中的处理功能可以用 IPO 图（输入 – 处理 – 输出图）（或表）、伪码等多种方式进一步描述。

通常在建立对象模型和动态模型之后再建立功能模型。

三、统一建模语言

统一建模语言（Unified Modeling Language，UML）是一种开放的方法，用于说明、可视化、构建和编写一个正在开发的、面向对象的、软件密集系统的制品的开放方法。UML 展现了一系列最佳工程实践，这些最佳实践在对大规模，复杂系统进行建模方面，特别是在软件架构层次已经被验证有效。

1. UML 概述

1）什么是 UML

UML 并不是一个工业标准，但在对象管理组织（Object Management Group，OMG）的主持和资助下，UML 正在逐渐成为工业标准。OMG 是一个国际化的、开放成员的、非营利性的计算机行业标准协会。

UML 是 OMG 在 1997 年 1 月提出 UML1.0 规范草案，是一种为面向对象开发系统的产品进行说明、可视化和编制文档的标准语言。UML 作为一种模型语言，它使开发人员专注于建立产品的模型和结构，而不是选用什么程序语言和算法实现；它不同于其他常见的编程语言，如 C ++ 、Java、COBOL 等，它是一种绘画语言，用于软件建模。

UML 由视图（View）、图（Diagram）、模型元素（Model Element）和通用机制（General Mechanism）等部分组成。

（1）视图（View）：是表达系统某一方面特征的 UML 建模元素的子集，由多个图构成，是在某一个抽象层上对系统的抽象表示。

（2）图（Diagram）：是模型元素集的图形表示，通常是由弧（关系）和顶点（其他模型元素）相互连接构成的。

（3）模型元素（Model Element）：代表面向对象中的类、对象、消息和关系等概念，是构成图的最基本的常用概念。

（4）通用机制（General Mechanism）：用于表示其他信息，如注释、模型元素的语义等。另外，UML 还提供扩展机制，使 UML 语言能够适应一个特殊的方法（或过程），或扩充至一个组织或用户。

2）UML 的目标

UML 的目标就是 UML 被定义为一个简单易用的建模机制，帮助我们按照实际情况或者按照我们需要的样式对系统进行可视化；给出一个指导系统构造的模板，与具体的实现无关；提供一种详细说明系统结构或行为的方法，与具体过程无关。

同时 UML 在描述整个系统时，绘制的各种图，可以帮助对设计过程进行文档化。

3）UML 视图的分类

UML 是用来描述模型的，用模型来描述系统的机构或静态特征，以及行为或动态特征。从不同的视角为系统构架建模，形成系统的不同视图，如图 4 - 2 所示。

（1）用户模型视图（User Model View），强调从用户的角度看到的或需要的系统功能，又被称为用例视图（Use Case View）。

　　用户模型视图由专门描述最终用户、分析人员和测试人员看到的系统行为的用例组成，它实际上是从用户角度来描述系统应该具有的功能。用户模型视图所描述的系统功能依靠外部用户或者另外一个系统来激活，为用户或者另一系统提供服务，从而实现用户或另一系统与系统的交互。系统实现的最终目标是提供用户模型视图中所描述的功能。在 UML 中，用户模型视图是由用例图组成。

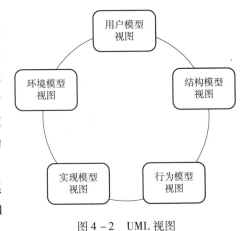

图 4-2　UML 视图

　　（2）结构模型视图（Structural Model View），体现系统的静态或结构组成及特征，又称逻辑视图（Logical View）或静态视图（Static View）。

　　结构模型视图描述组成系统的类、对象以及它们之间的关系等静态结构，用来支持系统的功能需求，即描述系统内部功能是如何设计的。结构模型视图由类图和对象图构成，主要供设计人员和开发人员使用。

　　（3）行为模型视图（Behavioral Model View），体现了系统的动态或行为特征，又称动态视图（Dynamic View）。

　　行为模型视图主要用来描述形成系统并发与同步机制的线程和进程，其关注的重点是系统的性能、易伸缩性和系统的吞吐量等非功能性需求。行为模型视图利用并发来描述资源的高效使用、并行执行和处理异步事件。除了将系统划分为并发执行的控制线程之外，行为模型还必须处理通信和这些线程及进程之间的同步问题。行为模型视图主要供系统开发人员和系统集成人员使用，由序列图、协作图、状态图和活动图组成。

　　（4）实现模型视图（Implementation Model View），体现了系统实现的结构和行为特征，又称组件视图（Component View）。

　　实现模型视图用来描述系统实现模块之间的依赖关系以及资源分配情况。这种视图主要用于系统的配置管理，是由一些独立的构件图组成的。其中构件是代码模块，不同类型的代码模块形成不同的构件。实现模型视图主要供开发人员使用。

　　（5）环境模型视图（Environment Model View），体现了系统实现环境的结构和行为特征，又称配置视图（Deployment View）或物理视图（Physical View）。

　　环境模型视图用来描述物理系统的硬件拓扑结构。例如，系统中的计算机和设备的分布情况以及它们之间的连接方式，其中计算机和设备统称为节点。在 UML 中环境模型视图是由部署图来表示的。系统部署图描述了系统构件在节点上的分布情况，即用来描述软件构件到物理节点的映射。部署图主要供开发人员、系统集成人员和测试人员使用。

　　4）UML 图的分类

　　UML 在系统设计过程中可以绘制的图包括用例图、类图、对象图、状态图、时序图、协作图、活动图、组件图、部署图等，是模型中信息的图形表达方式。UML 图可以根据它们在不同架构视图的应用，划分入不同的视图，如图 4-3 所示。

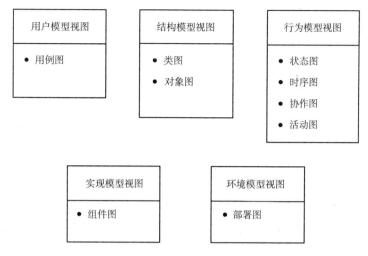

图 4 - 3　UML 图的划分

（1）用例图（Use Case Diagram）。用例图是从用户角度描述系统功能，并指出各功能的操作者，用来捕捉系统的动态性质，代表系统的功能和流向。

（2）类图（Class Diagram）。类图是使用面向对象设计中使用最广泛的 UML 图。类图主要是用来显示系统中的类、接口以及它们之间的静态结构和关系的一种静态模型。

（3）对象图（Object Diagram）。对象图描述系统在某个时刻的静态结构，和类图一样反映系统的静态过程。一个对象图可看成一个类图的某个时刻的特殊展现。由于对象存在生命周期，因此对象图只能在系统某一时间段存在。

（4）状态图（State Diagram）。状态图是一个类对象可能经历的所有历程的模型图。状态图由对象生命周期的各个状态和连接这些状态的转换组成。

（5）时序图（Sequence Diagram）。时序图又称顺序图，它显示对象之间的动态合作关系，强调对象之间消息发送的顺序，同时显示对象之间的交互。时序图常用来表示用例中的行为顺序，当执行一个用例行为时，图中的每条消息对应了一个类操作或引起状态转换的触发事件。

（6）协作图（Collaboration Diagram）。协作图按时间和空间顺序描述系统对象间的动态合作关系，协作图和时序图相似。

（7）活动图（Activity Diagram）。活动图描述满足用例要求所要进行的活动以及活动间的约束关系，有利于识别并行活动。活动图是一种特殊的状态图，对于系统的功能建模特别重要，强调对象间的控制流程。

（8）组件图（Component Diagram）。组件图从实施的角度来描述系统的静态实现视图，描述构成系统的组件和组件之间的依赖关系。组件图包括物理组件，如库、档案、文件夹等。

（9）部署图（Deployment Diagram）。部署图描述了环境元素的配置，并把实现系统的元素映射到部署上。

2. 绘制用例图

用例图是从用户角度描述系统功能，并指出各功能的参与者，用来捕捉系统的动态性质，收集系统需求，代表系统的功能和流向。用例图包括以下三方面内容。

1）参与者（Actor）

参与者也可称为角色，如图4-4所示。参与者在绘图时用一个小人表示，但这并不代表参与者只能是人。参与者可以是人，也可以是物。

怎样分析一个系统所涉及的参与者呢？下面是几种常用来确定系统参与者的方法：

图4-4
参与者

（1）直接使用系统的人。

（2）系统的维护人员。

（3）从系统被动接受信息的人。

（4）系统使用的外设。

（5）需要与此系统相连的其他系统。

2）用例（Use Case）

用例就是系统的功能需求，是待开发系统将要完成的功能，所以用例一般都用动词表示。

3）参与者和用例之间的关系

如图4-5所示，参与者和用例之间的关系通常为关联关系，表示某参与者和某用例有关联，或参与者使用了某用例的功能。

4）参与者之间的关系

参与者之间的关系通常为继承关系。

【例4.1】请分析物业管理系统中参与者之间的关系。

物业管理系统中需要登录的用户有：

（1）系统管理员，负责系统的维护，物业公司所辖多个小区管理，业务人员权限管理（授权某个业务人员可以查看某小区的业务数据）。

（2）小区业务人员，负责小区内部日常管理业务。

（3）收费人员，负责各种费用的收缴工作 。

系统管理员、小区业务人员、收费人员虽然各自参与的工作内容不同，但他们都是物业管理系统的用户，都需要账号和密码来登录物业管理系统，如图4-6所示。

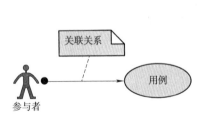

图4-5 参与者与用例的关系

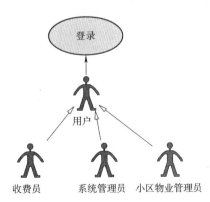

图4-6 物业管理系统参与者之间的关系

5）用例之间的关系

（1）包含关系（Include）。包含关系指两个关联的用例其中一个用例（称为基本用例）的行为包含了另一个用例（称为包含用例）的行为。包含关系是比较特殊的依赖关系。

在 UML 规范中，包含关系用带箭头的虚线表示，箭头指向包含用例。同时，必须用《include》标记附加在虚线旁，作为特殊依赖关系的语义。

【例4.2】物业管理系统的建筑管理中存在的包含关系。

如图 4-7 所示，建筑管理用例包含了增加建筑、删除建筑、修改建筑信息、查询建筑等多个用例。

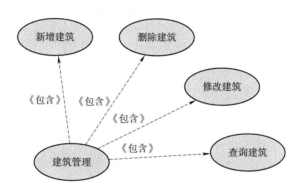

图 4-7　建筑管理用例

（2）扩展关系（Extend）。扩展关系的基本含义与包含关系类似，即一个用例（称为基本用例）的行为包含了另一个用例（称为扩展用例）的行为。但在扩展关系中，对于扩展用例有更多的规则限制，即基本用例必须声明若干"扩展点"，而扩展用例只能在这些扩展点上增加新的行为和含义。

在使用扩展用例时，一般将一些常规的动作放在一个基本用例中，将可选的或只在特定条件下（扩展点）才执行的动作放在它的扩展用例中。

在 UML 规范中，扩展关系用带箭头的虚线表示，箭头指向基本用例。同时，必须用《extend》标记附加在虚线旁，作为特殊依赖关系的语义。

【例4.3】物业管理系统的查询建筑中存在的扩展关系。

如图 4-8 所示，在某些时候需要对查询建筑的结果进行打印或导出，因此可以将查询操作的基本流程放在基本用例查询建筑中，将查询结果导出和查询结果打印两个用例功能独立出来作为扩展用例。

（3）泛化关系（Generalization）。泛化代表一般与特殊的关系。在用例之间的泛化关系中，子用例继承了父用例的行为和含义，子用例也可以增加新的行为和含义，或覆盖父用例中的行为和含义。父用例表示通用的行为序列，通过插入额外的步骤或定义步骤，子用例特殊化父用例。

在 UML 规范中，泛化关系用空心三角形箭头的实线表示，箭头指向父用例。

【例4.4】物业管理系统的查询建筑中存在的泛化关系。

如图4-9所示，物业管理系统中的"查询建筑"用例，存在三个子用例，分别是"按名称查询""按小区查询""按楼管查询"。

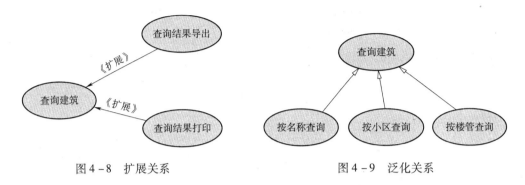

图4-8 扩展关系   图4-9 泛化关系

3. 绘制类图

类图（Class Diagram）：类图是面向对象系统建模中最常用和最重要的图，是定义其他图的基础。类图主要是用来显示系统中的类、接口以及它们之间的静态结构和关系的一种静态模型。

类图有3个基本组件：类名、属性、方法。如图4-10所示，类名为：User；属性（特性）为：email、password、phone、realName、role、userName；方法（操作）为：login()。

在绘制类图时，理清类和类之间的关系是重点。类的关系有泛化（Generalization）、实现（Realization）、依赖（Dependency）和关联（Association）。其中关联又分为一般关联关系和聚合关系（Aggregation）、合成关系（Composition）。

图4-10 类图

1）泛化关系（Generalization）

泛化（Generalization）：表示 is - a 的关系，是对象之间耦合度最大的一种关系，子类继承父类的细节。在类图中使用带三角箭头的实线表示，箭头从子类指向父类。

【例4.5】物业管理系统的不同用户间的泛化关系。

如图4-11所示，物业管理系统中用户（User）存在2个子类小区管理员（CommunityAdmin）和收费人员（CommunityCharge）。

物业管理系统中的普通登录用户（User）具有账号（userName）、密码（password）、真实姓名（realName）、联系电话（phone）、电子邮箱（email）、角色（role）等属性。

小区管理员（CommunityAdmin）负责多个小区的物业管理（物业公司可能承担多个小区物业服务业务），因此小区管理员（CommunityAdmin）会比登录用户（User）多出一个小区列表（communityList）属性保存其所负责的所有小区。

而收费人员（CommunityCharge）只负责某个小区的物业管理费收缴，因此会有一个（community）属性保存其所负责的小区。

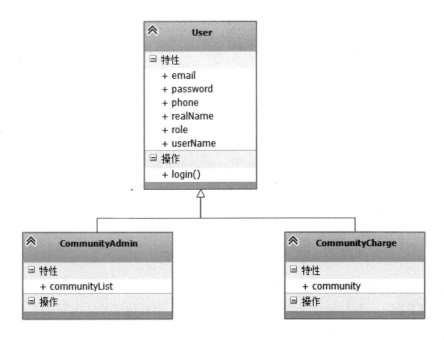

图4-11　泛化关系

2）实现关系（Realization）

实现（Realization）：在类图中就是接口和实现的关系。如图4-12所示，在类图中使用带三角箭头的虚线表示，箭头从实现类指向接口。

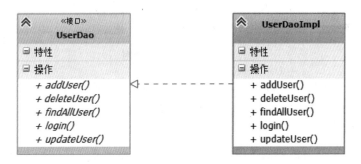

图4-12　实现关系类图

3）依赖关系（Dependency）

依赖（Dependency）：对象之间最弱的一种关联方式，是临时性的关联。代码中一般指由局部变量、函数参数、返回值等建立的对于其他对象的调用关系。一个类调用被依赖类中的某些方法而得以完成这个类的一些职责。如图4-13所示，依赖关系在类图使用带箭头的虚线表示，箭头从使用类指向被依赖的类。

4）关联关系（Association）

关联（Association）：对象之间一种引用关系，比如物业公司业务人员中的楼管类与建筑类之间的关系。这种关系通常使用类的属性表达。关联又分为一般关联、聚合关联与组合关联。在类图使用带箭头的实线表示，箭头从使用类指向被关联的类。可以是单向和双向。

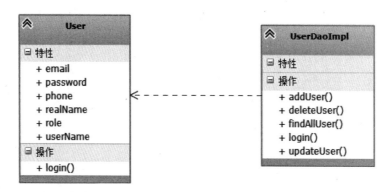

图 4 – 13　依赖关系类图

【例 4.6】楼管类和建筑类的关联关系分析。

如图 4 – 14 所示，小区的每幢建筑都有一个楼管负责，因此建筑类（Building）有一个属性是楼管类的对象（BuildingAdmin）。一个楼管负责多个建筑的日常维护，因此楼管类（BuildingAdmin）中会有一个列表属性存放一组建筑类（Building）对象。这种关联关系是通过小区管理员在业务人员管理用例中将各建筑分配给各楼管。楼管类是业务人员类的子类。

图 4 – 14　关联关系类图

关联关系中的聚合（Aggregation）关系表示 has—a 的关系，是一种不稳定的包含关系。较强于一般关联，有整体与局部的关系，并且没有了整体，局部也可单独存在。如建筑类（Building）和楼管类（BuildingAdmin）的关系，楼管工作范围调整可能不再负责某个建筑的管理工作。

关联关系中的组合（Composition）关系表示 contains—a 的关系，是一种强烈的包含关系。组合类负责被组合类的生命周期。这是一种更强的聚合关系，部分不能脱离整体存在。如建筑类（Building）中包含多个公寓单元（Apartment），除非建筑倒塌，否则它们的组合关系就一直存在。

任务实施

绘制物业管理系统的主要 UML 图。

（1）打开 Visual Studio 2015 主界面，选择"文件"→"新建"→"项目"命令，如图 4 – 15 所示，弹出"新建项目"对话框。

（2）如图 4 – 16 所示，在"新建项目"对话框左侧"已安装"→"模板"中选择"建模项目"选项，单击"确定"按钮。

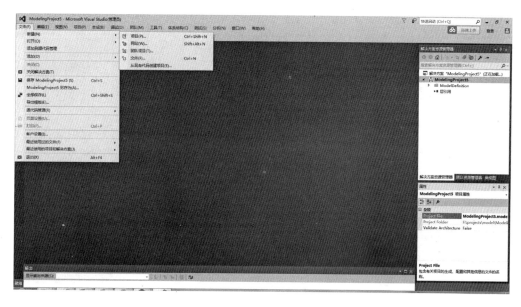

图 4 – 15   Visual Studio 2015 主界面

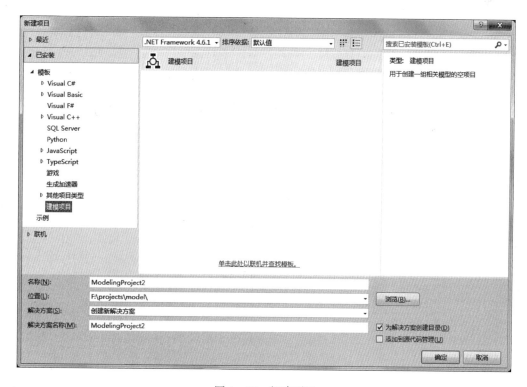

图 4 – 16   新建项目

（3）如图 4 – 17 所示，在右侧"解决方案资源管理器"相应项目上单击右键，在下拉列表中选择"添加"→"新建项"命令。如图 4 – 18 所示，在弹出的"添加新项"对话框中，选择"UML 用例图"选项。

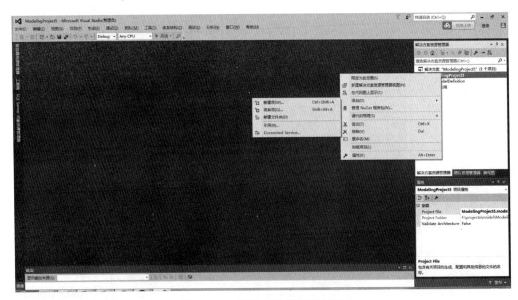

图 4 - 17　解决方案资源管理器

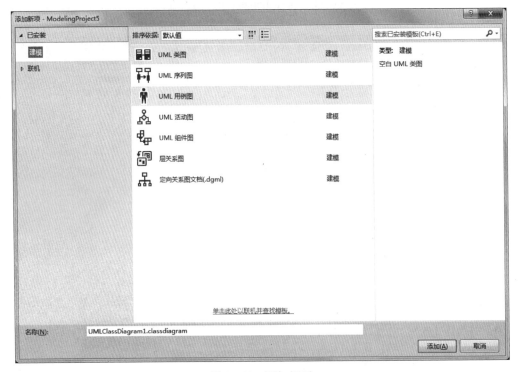

图 4 - 18　添加新项

（4）绘制物业管理系统用例图，如图 4 - 19 所示。

①用例图是从参与者使用系统的角度来描述系统中的信息，因此在绘制物业系统的用例图时，首先分析有哪些参与者。物业管理系统中的参与者有：业主、租户、物业管理人员等。

②从各参与者出发，首先分析各参与者之间的关系，再考察各参与者参与的功能用例，最后细化各用例之间的关系。

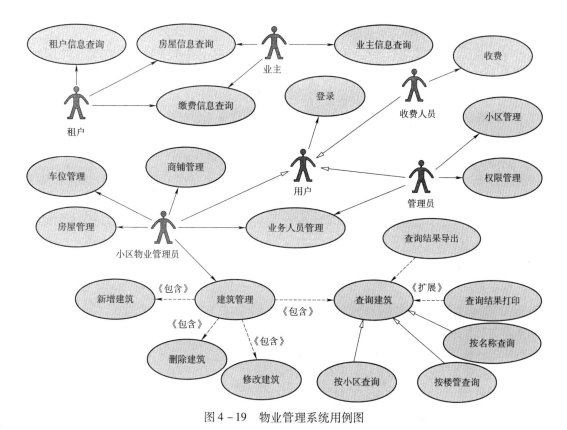

图 4-19　物业管理系统用例图

知 识 拓 展

前文我们已经讨论了用例图和类图的绘制，下面再来了解一下时序图。

时序图用于描述对象之间传递消息的时间顺序，即用例中的行为顺序。时序图可以用来更直观地表现各个对象之间交互的时间顺序，将体现的重点放在以时间为参照，各个对象发送、接收消息，处理消息，返回消息的时间流程顺序。时序图又称序列图、循序图、顺序图等。

时序图会涉及 7 种元素：角色（Actor）、对象（Object）、生命线（Life Line）、控制焦点（Activation）、消息（Message）、自关联消息、组合片段。其中前 6 种是比较常用和重要的元素，剩余的一种组合片段元素不是很常用，但是比较复杂。

1. 角色（Actor）

系统角色，可以是人或者其他系统，子系统。以一个小人图标表示。

2. 对象（Object）

对象位于时序图的顶部，以一个矩形表示。对象的命名方式一般有三种：

（1）对象名和类名。例如，userA：User、buildingB：Building。

（2）只显示类名，不显示对象，即为一个匿名类。例如，User、：Building。

（3）只显示对象名，不显示类名。例如，userA：、buildingB：。

3. 生命线（Life Line）

时序图中每个对象和底部中心都有一条垂直的虚线，这就是对象的生命线（对象的时间线）。

4. 控制焦点（Activation）

控制焦点代表时序图中在对象时间线上某段时期执行的操作。以一个很窄的矩形表示。

5. 消息（Message）

表现代表对象之间发送的信息。消息分为三种类型。

（1）同步消息（Synchronous Message）。消息的发送者把控制传递给消息的接收者，然后停止活动，等待消息的接收者放弃或者返回控制。用来表示同步的意义。以一条实线和实心箭头表示。

（2）异步消息（Asynchronous Message）。消息发送者通过消息把信号传递给消息的接收者，然后继续自己的活动，不等待接受者返回消息或者控制。异步消息的接收者和发送者是并发工作的。以一条实线和大于号表示。

（3）返回消息（Return Message）。返回消息表示从过程调用返回。以小于号和虚线表示。

6. 自关联消息

表示方法的自身调用或者一个对象内的一个方法调用另外一个方法。以一个半闭合的长方形和下方实心箭头表示。

7. 组合片段

用来解决交互执行的条件和方式，它允许在序列图中直接表示逻辑组件，用于通过指定条件或子进程的应用区域，为任何生命线的任何部分定义特殊条件和子进程。

如图 4 - 20 所示，描述了物业管理系统中用户登录时，从用户在登录窗口输入用户信息到请求数据库的用户数据，并向界面返回登录信息的时序流程。

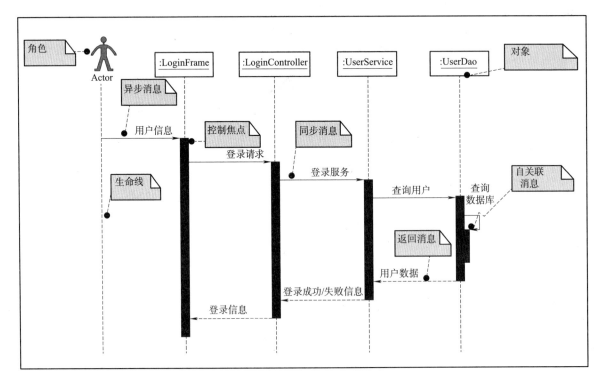

图 4 - 20　物业管理系统用户登录时序图

习　题

一、判断题

1. UML 中一共有 9 种图：它们是用例图、类图、对象图、顺序图、协作图、状态图、活动图、构件图、部署图。　　　　　　　　　　　　　　　　　　　　　　　（　　）

2. 用例图是从程序员角度来描述系统的功能。　　　　　　　　　　　　（　　）

3. 类图是描述系统中类的静态结构，对象图是描述类的动态结构。　　（　　）

4. 活动图和状态图用来描述系统的动态行为。　　　　　　　　　　　　（　　）

5. 协作图的一个用途是表示一个类操作的实现。　　　　　　　　　　　（　　）

6. 部署图表现构件实例，构件图表现构件类型定义。　　　　　　　　　（　　）

二、选择题

1. 部署图用于（　　）建模阶段。

　　A. 动态建模　　　　　B. 静态建模　　　　C. 非静态建模　　　D. 非动态建模

2. （　　）和（　　）可以互相转换。

　　A. 顺序图　　　　　　B. 协作图　　　　　C. 活动图　　　　　D. 状态图

3. （　　）可用于分析阶段？（多选）

　　A. 用例图　　　　　　B. 构件图　　　　　C. 类图　　　　　　D. 顺序图

4. 设计视图的静态方面采用（　　）表现。

　　A. 交互图　　　　　　B. 类图和对象图　　C. 状态图　　　　　D. 活动图

5. 在下列描述中，（　　）不是建模的基本原则。

　　A. 要仔细地选择模型

　　B. 每一种模型可以在不同的精度级别上表示所要开发的系统

　　C. 模型要与现实相联系

　　D. 对一个重要的系统用一个模型就可以充分描述

6. UML 体系包括三个部分：UML 基本模块、（　　）和 UML 公共机制。

　　A. UML 规则　　　　　B. UML 命名　　　C. UML 模型　　　D. UML 约束

7. （　　）不是 UML 中的静态视图。

　　A. 状态图　　　　　　B. 用例图　　　　　C. 对象图　　　　　D. 类图

三、思考题

1. UML 的定义是什么？它的组成部分有哪些？

2. 如何识别参与者？

3. 类和对象之间有什么类似之处？

4. 时序图和协作图的差别是什么？

单元 5
软件测试与维护

本单元介绍软件测试的目标、分类、用例，静态测试和动态测试，黑盒测试和白盒测试，测试用例设计原则，测试流程，面向对象的软件测试，软件项目的调试和维护等内容。

学习目标

- 了解软件测试的目标、分类、原则和方法；
- 掌握测试用例的设计方法；
- 熟悉软件测试流程；
- 熟悉面向对象的软件测试；
- 熟悉软件维护的内容。

任务　软件测试与维护

任务导入

软件开发是人为的一系列工作，人为因素越多，出现的错误也就越多。软件测试是确保软件质量的重要环节，是软件开发的重要部分。质量不佳的软件产品不仅会使开发商的维护费用和用户的使用成本大幅增加，还可能产生其他责任风险，造成软件公司声誉下降。对于一些关键应用，如军事防御系统、核电站安全控制系统、自动飞行控制系统、银行结算系统、证券交易系统、火车票订票系统等如在使用过程中出现质量问题，甚至会带来灾难性的后果。

软件测试阶段是软件质量保证的关键，它代表了文档规约、设计和编码的最终检查，是为了发现程序中的错误而分析或执行程序的过程。在软件的开发工作已经完成并把软件产品交付给用户使用之后，就进入了软件的运行维护阶段。这个阶段是软件生命周期的最后一个阶段，也是持续时间最长、花费精力和费用最多的一个阶段。软件维护需要的工作量很大，大型软件的维护成本平均高达开发成本的 4 倍左右。目前，国外许多软件开发组织把 60% 以上的人力用于维护已有的软件，而且随着软件数量的增多和使用寿命的延长，这个比例还在上升。

软件维护的主要目的就是保证软件在相当长的时期内能够正常运行。软件维护主要是指根据需求变化或硬件环境的变化对应用程序进行部分或全部的修改，修改时应充分利用源程序。修改后要填写程序更改登记表，并在程序变更通知书上写明新旧程序的不同之处。变更结束后，要认真地进行回归测试和管理复审，确保系统的正确性及程序代码与相关文档的一致性。这里涉及的角色主要有维护管理员、系统管理员、修改负责人（变化授权人）和维护人员等。

知识技能准备

一、软件测试概述

1979 年，Glenford J. Myers 在其经典著作《软件测试的艺术》中给出了软件测试的定义：程序测试是为了发现错误而执行程序的过程。软件测试就是利用测试工具按照测试方案和流程对产品进行功能和性能测试，或根据需要编写不同的测试工具，设计和维护测试系统，对测试方案可能出现的问题进行分析和评估。执行测试用例后，需要跟踪故障，以确保开发的产品适合需求。软件测试是信息系统开发中不可或缺的一个重要步骤，随着软件变得日益复杂，软件测试也变得越来越重要。

人们进行软件测试，是期望暴露软件中隐藏的错误和缺陷，并且尽可能找出最多的错误。测试不是为了证明程序正确，而是从软件包含缺陷和故障这个假定去进行测试活动，并从中发现尽可能多的问题。实现这个目的的关键是如何合理地设计测试用例，在设计测试用例时，要着重考虑那些易于发现程序错误的方法策略与具体数据。

1. 软件测试的目标

软件测试的目标包括以下几点：

（1）测试是程序的执行过程，目的在于发现错误。

（2）测试是为了证明程序有错，而不是证明程序无错。

（3）一个好的测试用例能够发现至今尚未发现的错误。

（4）一个成功的测试是发现了至今尚未发现的错误。

可见，测试的目的是力求精心设计出最能暴露出软件问题的测试用例。人们认识到，测试的最终目的是确保最终交付给用户的产品功能符合用户要求，在产品交付给用户之前发现并改正尽可能多的问题。因此，测试要达到以下一些目标：

（1）确保产品完成了它所承诺或公布的功能，并且用户可以访问到的所有功能都有明确的书面说明；

（2）确保产品满足性能和效率的要求；

（3）确保产品是健壮的和适应用户环境的。

总之，测试的目的是系统地找出软件中潜在的各种错误和缺陷，并能够证明软件的功能和性能与需求说明相符合。需要注意的是，测试不能表明软件中不存在错误，只能说明软件中存在错误。

2. 软件测试的分类

（1）按是否需要执行被测软件分，软件测试可分为静态测试和动态测试，静态测试不利用计算机运行待测程序而应用其他手段实现测试目的，如代码审核。而动态测试则通过运行被测试软件来达到目的。

（2）按阶段划分，软件测试可分为表 5-1 所示的种类。

表 5-1　按阶段划分测试表

阶段名称	作　　用
单元测试	单元测试是对软件中的基本组成单位进行的测试，如一个模块、一个过程等。单元测试的主要方法有控制流测试、数据流测试、排错测试、分域测试等
集成测试	集成测试是在软件系统集成过程中所进行的测试，其主要目的是检查软件单位之间的接口是否正确。集成测试的策略主要有自顶向下和自底向上两种
系统测试	系统测试是对已经集成好的软件系统进行彻底的测试，以验证软件系统的正确性和性能等满足其规约所指定的要求，检查软件的行为和输出是否正确并非一项简单的任务，它被称为测试的"先知者问题"。软件系统测试方法很多，主要有功能测试、性能测试、随机测试等
验收测试	验收测试旨在向软件的购买者展示该软件系统满足用户的需求。这是软件在投入使用之前的最后测试
回归测试	回归测试是在软件维护阶段，对软件进行修改之后进行的测试。其目的是检验对软件进行的修改是否正确
Alpha 测试	Alpha 测试是在系统开发接近完成时对应用系统的测试；测试后，仍然会有少量的设计变更
Beta 测试	Beta 测试是当开发和测试完成时所做的测试，而最终的错误和问题需要在最终发行前找到。这种测试一般由最终用户或其他人员完成，不能由程序员或测试员完成

（3）按测试方法划分，软件测试可分为白盒测试和黑盒测试，见表 5-2。

表 5-2　按测试方法划分表

测试方法名	作　　用
白盒测试	"白盒"法着眼于全面了解程序内部逻辑结构，对所有逻辑路径进行测试
黑盒测试	"黑盒"法着眼于程序外部结构，不考虑内部逻辑结构，针对软件界面和软件功能进行测试

3. 软件测试用例内容摘要

（1）测试用例编号。

规则：编号具有唯一性、易识别性，是由数字和字符组合成的字符串。

约定：

系统测试用例，产品编号 – ST – 系统测试项名 – 系统测试子项名 – ×××；

集成测试用例，产品编号 – IT – 集成测试项名 – 集成测试子项名 – ×××；

单元测试用例，产品编号 – UT – 单元测试项名 – 单元测试子项名 – ×××。

（2）测试项目。

规则：当前测试用例所属测试大类、被测需求、被测模块、被测单元等。

约定：

系统测试用例测试项目：软件需求项；

集成测试用例测试项目：集成后的模块名或接口名；

单元测试用例测试项目：被测试的函数名。

（3）测试标题。

规则：测试用例的概括，简单地描述用例的出发点、关注点，原则上不能重复。

（4）重要级别。

规则：

高，保证系统基本功能、核心业务、重要特性、实际使用频率高的测试用例；

中，重要程度介于高和低之间的测试用例；

低，实际使用频率不高、对系统业务功能影响不大的模块或功能的测试用例。

（5）预置条件。

规则：执行当前测试用例需要的前提条件，是后续步骤的先决条件。

（6）输入。

规则：用例执行过程中需要加工的外部信息。

（7）操作步骤。

规则：执行当前测试用例需要经过的操作步骤，保证操作步骤的完整性。

（8）预期输出。

规则：当前测试用例的预期输出结果，包括返回值的内容、界面的响应结果、输出结果的规则符合度等。

（9）实际情况。

规则：当前测试用例的实际执行输出结果。

4. 软件测试文档

（1）测试计划：测试方案、测试执行策略、测试用例、BUG 描述报告，包括测试环境的介绍、预置条件、测试人员、问题重现的操作步骤和当时测试的现场信息。

（2）测试报告：从分析中总结此次设计和执行做得好的地方和需要努力的地方，以及对此项目的质量评价。

5. 软件测试的原则

（1）坚持在软件开发的各个阶段进行技术评审，不断地进行软件测试，才能在开发过程中尽早发现和预防错误，杜绝某些隐患，提高软件质量。

（2）自己总认为自己是正确的，所以程序员应避免检查自己的程序。

（3）在设计测试用例时，应当包括合理的输入条件和不合理的输入条件。合理的输入条件指能验证程序正确的输入条件，而不合理的输入条件指异常的、临界的、可能引起问题的输入条件。

用不合理的输入条件测试程序时，往往比用合理的输入条件进行测试能发现更多的问题和错误。对于不合理的输入条件或数据，程序接受后应给出相应的提示。

（4）对于测试计划要明确规定，不要随意解释。测试人员要严格执行测试计划，排除测试的随意性。

（5）测试人员要妥善保存测试计划、测试用例、出错统计和最终分析报告，为维护工作提供方便。

二、静态测试与动态测试

软件测试的方法很多，根据程序是否运行可以把软件测试方法分为静态测试和动态测试，按照测试数据的设计依据可分为黑盒测试和白盒测试。

1. 静态测试

静态测试不需要执行所测试的程序，只用通过扫描程序正文，对程序的数据流和控制流等信息进行分析，找出系统的缺陷，得出测试报告。

静态测试包括代码检查、静态结构分析、代码质量度量等。它可以由人工进行，充分发挥人的逻辑思维优势，也可以借助软件工具自动进行。

（1）代码检查。代码检查包括代码走查、桌面检查、代码审查，主要检查代码和设计的一致性、代码逻辑表达的正确性、代码结构的合理性等方面；可以发现违背程序编写标准的问题，程序中不安全、不明确和模糊的部分，找出程序中不可移植的部分、违背程序编程风格的问题，包括变量检查、命名和类型审查、程序逻辑审查、程序语法检查和程序结构检查等内容。

（2）静态结构分析。静态结构分析主要是以图形的方式表现程序的内部结构，如函数调用关系图、函数内部控制流图等。其中，函数调用关系图以直观的图形方式描述一个应用程序中各个函数的调用和被调用关系；控制流图显示一个函数的逻辑结构，由许多节点组成，一个节点代表一条或数条语句，连接节点的线称为边，表示节点间的控制流向。

（3）代码质量度量。ISO/IEC 9126-1—2001 国际标准所定义的软件质量包括 6 个方面，即功能性、可靠性、易用性、效率、可维护性和可移植性。软件的质量是软件属性的各种标准度量的组合。

2. 动态测试

一般意义上的测试多指动态测试，把以发现错误为目标的用于软件测试的输入数据及与之对应的预期输出结果称为测试用例。怎样设计测试用例是动态测试的关键。动态测试可分为以下几个步骤：

（1）单元测试。单元测试是对软件中的各个模块、基本单位进行测试，其目的是检验软件模块组成的正确性。

（2）集成测试。集成测试是在软件系统集成过程中进行的测试，其主要目的是检查软件单位之间的接口是否正确。在实际工作中，把集成测试分为若干组装测试和确认测试。

（3）组装测试。组装测试是单元测试的延伸，除对软件基本组成模块的测试外，还对相互联系的模块之间的接口进行测试。

（4）确认测试。确认测试是对组装测试结果的检验，主要目的是尽可能排除单元测试、组装测试中发现的错误。

（5）系统测试。系统测试是对已经集成的软件系统进行的彻底测试，以验证软件系统的正确性以及验证性能等是否满足其规约所指定的要求。

（6）验收测试。验收测试是软件在投入使用之前的最后测试，是购买者对软件的试用过程。在公司实际工作中，通常采用请客户试用的方式。

（7）回归测试。回归测试的目的是对验收测试结果进行验证和修改。在实际应用中，对客户投诉的处理就是回归测试的一种体现。

不同的测试方法，其各自的目标和侧重点不同，在实际工作中要将静态分析和动态测试结合起来，以达到更加完美的效果。

三、黑盒测试与白盒测试

黑盒测试和白盒测试的区别：黑盒测试是已知产品的功能设计规格，通过测试来验证每个实现的功能是否符合要求；白盒测试是已知产品的内部工作过程，通过测试验证每种内部操作是否符合设计规格要求。其中，测试用例的设计是测试过程的一个关键步骤，按照测试用例的不同出发点，在进行单元测试时一般采用白盒测试，而其他测试则采用黑盒测试。

1. 白盒测试

白盒测试也称结构测试或逻辑驱动测试，白盒测试法把测试对象看作一个打开的盒子，测试人员必须了解程序的内部结构和工作过程，按照程序内部的结构测试程序，检验程序中的每条通路是否都能按预定要求正确工作，而不考虑程序的外在功能，以此来检测产品内部程序是否按照规格说明书的规定正常进行。"白盒"法是穷举路径测试，在使用这一方案时，测试者必须检查程序的内部结构，从检查程序的逻辑着手，得出测试数据。贯穿程序的独立路径数是天文数字，但即使每条路径都测试了仍然可能有错误。第一，穷举路径测试绝不能查出程序违反了设计规范，即程序本身是个错误的程序。第二，穷举路径测试不可能查出程序中因遗漏路径而出现的错误。第三，穷举路径测试可能发现不了一些与数据相关的错误。

白盒测试主要有两种方法，即逻辑覆盖法和路径覆盖法。此外，对于循环结构，可采用循环测试法。

1）逻辑覆盖法

逻辑覆盖法是以程序内部的逻辑结构为基础的测试技术，它考虑的是测试数据执行程序的逻辑覆盖程度。使用这一方法要求测试人员对程序的逻辑结构有清楚的了解，甚至要能掌握源程序的所有细节。

按照覆盖源程序语句详尽程度的不同，逻辑覆盖可以分为语句覆盖、判定覆盖、条件覆盖、判定/条件覆盖和条件组合覆盖。

（1）语句覆盖。语句覆盖的测试用例能使被测程序的每条执行语句至少执行一次。

（2）判定覆盖。判定覆盖的测试用例能使被测程序中的每个判定至少取得一次"真"和一次"假"，又称分支覆盖。

（3）条件覆盖。条件覆盖的测试用例能使被测程序中每个判定的条件至少取得一次"真"和一次"假"。如果判定中只有一个条件，那么条件覆盖满足判定覆盖。

（4）判定/条件覆盖。该方法的测试用例既满足判定覆盖又满足条件覆盖。

（5）条件组合覆盖。该方法的测试用例使每个判定中所有可能的条件取值组合至少执行一次。

下面以图5-1所示的程序段为例，分别予以说明。

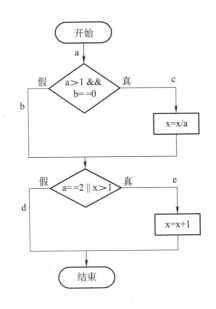

图 5-1   测试程序

示例程序如下：

```
double fun(int a, int b, double x)
{
if(a > 1 && b = =0)x = x/a;
if(a = =2 ||x >1)x = x +1;
return x;
}
```

其中，输入数据为 a、b 和 x，输出数据为 x。满足上述覆盖程度的测试用例见表 5-3。

表 5-3   逻辑覆盖测试用例

X	测 试 路 径	测试用例		
		a	b	x
语句覆盖	ace（语句 c 和语句 e 均执行）	2	0	4
判定覆盖	abe（判定条件 1 为假，条件 2 为真）	1	1	2
	acd（判定条件 1 为真，条件 2 为假）	4	0	1

续表

X	测 试 路 径		测试用例		
			a	b	x
条件覆盖	abe	a > 1 && b = = 0 判定条件 1 为假 / 条件 a > 1 为真 / 条件 b = = 0 为假 / a = = 2 || x > 1 判定条件 2 为真 / 条件 a = = 2 为真 / 条件 x > 1 为假	2	1	1
	abe	a > 1 && b = = 0 判定条件 1 为假 / 条件 a > 1 为假 / 条件 b = = 0 为真 / a = = 2 || x > 1 判定条件 2 为真 / 条件 a = = 2 为假 / 条件 x > 1 为真	1	0	4
判定/条件覆盖	ace	a > 1 && b = = 0 判定条件 1 为真 / 条件 a > 1 为真 / 条件 b = = 0 为真 / a = = 2 || x > 1 判定条件 2 为真 / 条件 a = = 2 为真 / 条件 x > 1 为真	2	0	4
	abd	a > 1 && b = = 0 判定条件 1 为假 / 条件 a > 1 为假 / 条件 b = = 0 为假 / a = = 2 || x > 1 判定条件 2 为假 / 条件 a = = 2 为假 / 条件 x > 1 为假	1	2	1
条件组合覆盖 (a > 1、a ≤ 1 和 b = 0、b ≠ 0 组合四种情况) (a = 2、a ≠ 2 和 x > 1、x ≤ 1 组合四种情况)	ace（满足 a > 1, b = 0; a = 2, x > 1）		2	0	4
	abe（满足 a > 1, b ≠ 0; a = 2, x ≤ 1）		2	1	1
	abe（满足 a ≤ 1, b = 0; a ≠ 2, x > 1）		1	0	4
	abd（满足 a ≤ 1, b ≠ 0, a ≠ 2, x ≤ 1）		1	1	1

2）路径覆盖法

路径覆盖要求设计足够多的测试用例，在白盒测试法中，覆盖程度最高的就是路径覆盖，因为其覆盖程序中所有可能的路径。

对于比较简单的小程序来说，实现路径覆盖是可能的，但是如果程序中出现了多个判断和多个循环，可能的路径数目将会急剧增长，以致实现路径覆盖是几乎不可能的。因此，需要把覆盖的路径数压缩到一定限度内。基本路径覆盖是由 Tom MaCabe 提出的一种白盒测试技术。它在程序控制流图的基础上，通过分析控制构造的环路复杂性，导出基本可执行路径的集合，从而设计测试用例。设计出的测试用例要保证在测试中程序的每一条可执行语句至少被执行一次。

使用基本路径测试法挑选测试用例的步骤如下：

（1）在详细设计的基础之上导出程序的控制流图。程序的控制流图有两种图形符号——圆圈和箭头。圆圈称为控制流图的一个节点，表示一个或多个无分支的语句或源程序语句；箭头称为边或连接，代表控制流。

（2）计算控制流图的环路复杂性 V(G)。从程序的环路复杂性可导出程序基本路径集合中的独立路径条数,这是确定程序中每个可执行语句至少执行一次所必需的测试用例数目的上界。

(3) 得到线性独立路径的基本集合。

(4) 确定测试用例,原则是确保基本路径集中的每条路径都被执行。

注意:

(1) 在将程序流程图简化成控制流图时,在选择或多分支结构中,分支的汇聚处应有一个汇聚节点;如果判断中的条件表达式是由一个或多个逻辑运算符(or、and、nand、nor)连接的复合条件表达式,则需要改为一系列只有单条件的嵌套的判断。边和节点圈定的区域称为区域。

(2) 计算环路复杂度时,控制流图中的区域数包括图形外的区域,即封闭区域数加一个开区域。

图 5 - 1 可进一步转化为图 5 - 2,下面将说明其测试用例的设计过程。

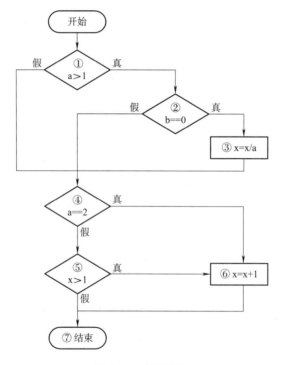

图 5 - 2　条件分解

第一步,画出程序控制流程图。图 5 - 1 所示的流程图对应的控制流程图如图 5 - 3 所示。其中,由源程序 if (a > 1 && b = = 0) 的"与"条件可以导出 2 个单条件的判断①、②,由源程序 if (a = = 2 ‖ x > 1) 的"或"条件可以导出两个单条件④、⑤。

第二步,计算环路复杂性 V(G)。

环路复杂性的计算方法有以下 3 种:

● 程序的环形复杂度计算公式为 V(G) = m - n + 2。其中,m 是程序流程图中边的数量,n 是节点的数量。

● 如果 P 是程序流程图中判定节点的个数,那么 V(G) = P + 1。

● 如果 A 是程序流程图中封闭区域的数目，区域的个数定义为边和节点圈定的封闭区域数加上图形外的区域数 1，那么 $V(G) = A + 1$。

注意：源代码 if 语句及 while、for 或 repeat 循环语句的判定节点数为 1，而 CASE 型等多分支语句的判定节点数等于可能的分支数减 1。

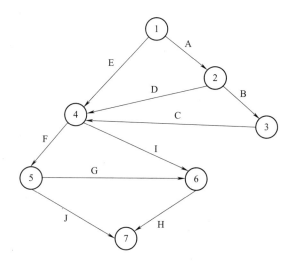

图 5 - 3　被测程序流程图

根据图 5 - 3 中的控制流图，可以很快得出 $V(G) = m - n + 2 = 10 - 7 + 2 = 5$。

第三步，确定独立路径集合。

环路复杂性就是该图已有的独立路径数，5 条路径分别如下：

● 路径 1：①—②—③—④—⑤—⑦（A—B—C—F—J）。
● 路径 2：①—②—③—④—⑤—⑥—⑦（A—B—C—F—G—H）。
● 路径 3：①—②—③—④—⑥—⑦（A—B—C—I—H）。
● 路径 4：①—②—④—⑤—⑦（A—D—F—J）。
● 路径 5：①—④—⑤—⑦（E—F—J）。

第四步，生成测试用例，确保基本路径集中每一条路径的执行。

● 路径 1：a = 4，b = 2，x = 3。
● 路径 2：a = 4，b = 2，x = 4。
● 路径 3：a = 7，b = 2，x = 3 或 4。
● 路径 4：a = 4，b = 1，x = 4。
● 路径 5：a = 3，b = 2 或 1，x = 3。

2. 黑盒测试

黑盒测试指不基于内部设计和代码的任何知识，而基于需求和功能性的测试，黑盒测试也称功能测试或数据驱动测试，它是在已知产品所应具有的功能之上，通过测试来检测每个功能是否都能正常使用。在测试时，把程序看作一个不能打开的黑盒子，在完全不考虑程序内部结构和内部特性的情况下，测试者在程序接口进行测试，它只检查程序功能是否按照需求规格说明书的规定正常使用，程序是否能适当地接收输入数据而产生正确的输出信息，并且保持外部信息（如数据库或文件）的完整性。黑盒测试方法主要有等价类划分、边界值分析、因果图、错误推测等，主要用于软件确认测试。"黑盒"法是穷举输入测试，只有把所有可能的输入都作为测试情况使用，才能以这种方法查出程序中所有的错误。实际上测试情况有无穷多个，人们不仅要测试所有合法的输入，而且还要对那些不合法但是可能的输入进行测试。在单元测试的时候一般都用白盒测试法，而其他测试则采用黑盒测试。

1）黑盒测试的特点

黑盒测试着眼于程序外部结构，不考虑内部逻辑结构，主要针对软件界面和软件功能进行测试。

黑盒测试是以用户的角度，从输入数据和输出数据的对应关系出发进行测试的。很明显，如果外部特性本身设计有问题或规格说明的规定有误，用黑盒测试方法是发现不了的。一方面，输入和输出结果是否正确，这是无法全部事先知道的；另一方面，要做到穷举所有可能的输入值实际上是不可能的。通常黑盒测试的测试数据是根据规格说明书来决定的，但实际上，规格说明书也难以保证是否完全正确，也可能存在问题。

2）黑盒测试用例设计法

（1）等价类划分法。等价类划分法是典型的黑盒测试方法，它将不能穷举的测试过程进行合理分类，从而保证设计出来的测试用例具备完整性和代表性。等价类划分法是把程序的所有可能输入数据划分成若干部分，然后从每个部分中选取少数代表性数据作为测试用例。每一类的代表性数据在测试中的作用等价于这一类中的其他值，也就是说，如果某一类中的一个例子发现了错误，这一等价类中的其他例子也能发现同样的错误；反之，如果某一类中的一个例子没有发现错误，则这一类中的其他例子也不会查出错误。

使用等价类划分法设计测试用例，要经过划分等价类和确定测试用例两个步骤。等价类实际上就是某个输入域的一个子集合，在该子集中，各个输入数据对于揭露程序中的错误都是等效的。等价类的划分有两种不同的情况：有效等价类和无效等价类。有效等价类指对于程序的规格说明书来说，是合理的、有意义的输入数据构成的集合；无效等价类指对于程序的规格说明书来说，是不合理的、无意义的输入数据构成的集合。在设计测试用例时，要同时考虑有效等价类和无效等价类的设计。

划分等价类需要经验，下面结合具体事例给出几条确定等价类的原则。

①如果规定了输入条件的范围，那么可以划分出一个有效等价类和两个无效等价类。例如，在程序的规格说明中，输入条件为"1~100 的整数"，则有效等价类是"1 < ＝输入数值 < ＝100"，两个无效等价类是"输入数值 <1"和"输入数值 >100"。

②如果输入条件规定了输入值的集合，或规定了"必须如何"的条件，这时可以确定一个有效等价类和一个无效等价类。例如，输入条件为"x＝100"，则有效等价类为"x＝a"，无效等价类为"x≠100"。

③如果输入条件是布尔值，那么可以确定一个有效等价类和一个无效等价类。

④如果规定了输入数据的一组值，而且程序对不同输入值进行不同的处理，则每个允许的输入

值是一个有效等价类，此外还有一个无效等价类（任何一个不允许的输入值）。例如，在学生的评定奖学金中规定对三科优、两科优、一科优分别给予一等奖学金、二等奖学金、三等奖学金，进行相应处理。因此可以确定 3 个有效等价类，分别为三科优、两科优、一科优，以及一个无效等价类，即所有没有得到优的学生输入值的集合。

⑤如果规定了输入数据必须遵守的规则，那么可以确立一个有效等价类（符合规则）和若干无效等价类。例如，选择"舞蹈选修课"规定"必须性别为女的信息工程系学生"，有效等价类就是满足条件的输入的集合，若干无效等价类包括男生、其他系的女生等。

⑥如果确定已划分的等价类中各个元素在程序中的处理方式不同，则应将此等价类进一步划分成更小的等价类。

在确立了等价类之后，建立等价类表，列出所划分出的等价类，见表 5 – 4。

表 5 – 4　等价类表

输 入 条 件	有效等价类	无效等价类
（具体内容）	（具体内容）	（具体内容）

根据已列出的等价类表，按以下 3 步确立测试用例。

①为每一个等价类规定一个唯一的编号。

②设计一个测试用例，使其尽可能多地覆盖尚未覆盖的无效等价类。重复这一步，直到所有有效等价类都被覆盖为止。

③设计一个测试用例，使其仅覆盖一个尚未被覆盖的无效等价类，重复这一步，直到所有无效等价类都被覆盖为止。

【例 5.1】小学生入学，要求检查儿童的出生日期，2019 年入学的学生生日限定在 2013 年 8 月 31 日之前出生。如果儿童的出生日期不在此范围内，则显示输入错误信息。该系统规定有效日期由 8 位数字组成，前 4 位代表年，下两位代表月，后两位代表日。现用等价类划分法设计测试用例，测试程序的日期检查功能，见表 5 – 5。

表 5 – 5　日期等价类表

输 入 数 据	合理等价类	不合理等价类
出生日期	1. 8 位数字字符	2. 有非数字字符 3. 少于 8 个数字字符 4. 多于 8 个数字字符
年份范围	5. 小于、等于 2013	6. 大于 2013
月份范围	7. 1 ~ 12	8. 等于 0 9. 大于 12
日期范围	10. 1 ~ 31	11. 等于 0 12. 大于 31

首先，划分等价类并编号。

其次，为合理等价类设计测试用例。为表中 4 个合理等价类的编号 1，5，7，10 设计一个测试用例（数据）覆盖，如 20130629。

最后，为每个不合理等价类至少设计一个测试用例，见表5-6。

表5-6　测试用例表

输 入 无 效	覆 盖 编 号
10month	2
201207	3
201307031	4
20140630	6
20130001	8
20131301	9
20130800	11
20130832	12

注意： 在8种不合理的测试用例中，不能出现相同的测试用例，否则相当于一个测试用例覆盖了一个以上不合理等价类，从而使程序测试不完全。

等价类划分法的优点是比随机选择测试用例要好得多，但缺点是没有注意选择某些高效的、能够发现更多错误的测试用例。

（2）边界值分析法。边界值分析法就是对输入或输出的边界值进行测试的一种黑盒测试方法。通常边界值分析法是作为对等价类划分法的补充，在这种情况下，其测试用例来自等价类的边界。

长期的测试工作经验告诉我们，大量的错误是发生在输入或输出范围的边界上，而不是发生在输入输出范围的内部。因此针对各种边界情况设计测试用例，可以查出更多的错误。

使用边界值分析法设计测试用例，首先应确定边界情况。通常输入和输出等价类的边界，就是应着重测试的边界情况。应当选取正好等于、刚刚大于或刚刚小于边界的值作为测试数据，而不是选取等价类中的典型值或任意值作为测试数据。

在应用边界值分析法设计测试用例时，常见的边界值如下：

①对16位的整数而言32 767和-32 768是边界；

②屏幕上光标在最左上、最右下位置；

③报表的第一行和最后一行；

④数组元素的第一个和最后一个；

⑤循环的第0次、第1次和倒数第2次、最后一次的条件值。

【例5.2】 边界值分析法与等价类分析法对比。

边界值分析法使用与等价类划分法相同的划分，只是边界值分析法假定错误更多地存在于划分的边界上，因此在等价类的边界上以及两侧的情况设计测试用例。

例如，测试计算除法的函数。

输入：任意两个实数，除数和被除数。

输出：实数。

规格说明：当输入的除数不为0的时候，返回其商；当输入一个为0的数时，显示错误信息"除数非法-除数为0"并返回。

①等价类划分。

a. 可以考虑做出如下划分：

● 输入除数（i）＝0 和（ii）≠0；

● 输出（a）商（b）Error。

b. 测试用例有两个：

● 输入 4，2，输出 2。对应于（ii）和（a）；

● 输入 4，0，输出错误提示，对应于（i）和（b）。

②边界值分析。

划分（ii）的边界为最小正实数和最大负实数；划分（i）的边界为 0。由此得到以下测试用例：

a. 输入｛最小正实数｝。

b. 输入｛大于最小正实数，且趋近于最小值｝。

c. 输入 0。

d. 输入｛小于最大负实数，且趋近于最大值｝。

e. 输入｛最大负实数｝。

通常情况下，软件测试所包含的边界检验有几种类型：数字、字符、位置、重量、大小、速度、方位、尺寸、空间等。相应地，以上类型的边界值应该在：最大/最小、首位/末位、上/下、最快/最慢、最高/最低、最短/最长、空/满等情况下。

（3）错误推测法。列举出程序中所有可能有的错误和容易发生错误的特殊情况，根据它们选择测试用例。如在单元测试时曾列出的许多在模块中常见的错误，以前产品测试中曾经发现的错误等，这些就是经验的总结。还有输入数据和输出数据为 0 的情况，输入表格为空格或输入表格只有一行，这些都是容易发生错误的情况，可选择这些情况下的例子作为测试用例。总之，就是进行错误的操作。例如，测试一个对线性表（比如数组）进行查找的程序，可推测列出以下几项需要特别测试的情况：

①输入的线性表为空表；

②表中只含有一个元素；

③输入表中没有这个元素；

④输入表中部分或全部元素相同。

（4）因果图法。因果图法是一种适合于描述对于多种输入条件组合的测试方法，根据输入条件的组合、约束关系和输出条件的因果关系，分析输入条件的各种组合情况，从而设计测试用例的方法，它适合于检查程序输入条件涉及的各种组合情况。

等价类划分法和边界值分析法都着重孤立地考虑输入条件的测试功能，而未考虑输入条件之间的组合引起的错误。因果图法充分考虑了输入情况的各种组合及输入条件之间的相互制约关系，因此，该方法能够按一定步骤高效率地选择测试用例，同时还能指出程序规格说明书的描述中存在什么问题。

（5）综合策略。以上介绍的每种软件测试方法都能设计出一组有用的例子，但是，用其中一组例子可以发现某种类型的错误，但不易发现另一种类型的错误。因此，在实际测试中，可以综合使用各种测试方法，形成综合策略。通常先用黑盒测试法设计基本的测试用例，再用白盒测试法补充一些必要的测试用例。具体做法如下：

①在任何情况下都应使用边界值分析法，用这种方法设计的测试用例暴露程序错误的能力最强。设计用例时，应该既包括输入数据的边界情况又包括输出数据的边界情况；

②必要时用等价类划分方法补充一些测试用例，然后再用错误推测法补充测试用例；

③检查上述测试用例的逻辑覆盖程度，如未满足所要求的覆盖标准，则再增加一些例子；

④如果程序规格说明书中含有输入条件的组合情况，那么一开始就可以使用因果图法。

四、测试用例的设计

测试用例就是预先编制的一组系统操作步骤和输入数据、执行条件以及预期结果，用以验证某个程序是否满足某个特定需求的文字。

1. 测试用例的设计原则

测试用例的设计原则如下：

（1）遵守测试需求的原则。例如，单元测试依据详细设计说明，集成测试依据概要设计说明，配置项测试依据软件需求规格说明，系统测试依据用户需求。

（2）选择测试方法的原则。为达到测试充分性要求，应采用相应的测试方法，如等价类划分法、边界值分析法、错误推测法、因果图法等。

总之，测试用例集应兼顾测试的充分性和测试的效率，每个测试用例的内容也应完整，具有可操作性。

2. 测试用例要素

测试用例要素主要包括如下几方面：

（1）名称和标识。每个测试用例应有唯一的名称和标识符。

（2）测试追踪。测试追踪主要说明测试所依据的内容来源。

（3）用例说明。用例说明简要描述测试的对象、目的和所采用的测试方法。

（4）测试的初始化要求。测试的初始化要求包括硬件配置、软件配置、测试配置、参数设置等。

（5）测试的输入。测试的输入包括在测试用例执行中发送给被测对象的所有测试命令、数据和信号等。

（6）期望的测试结果。期望的测试结果说明测试用例执行中由被测软件所产生期望的测试结果，即经过验证认为正确的结果。

（7）评价测试结果的准则。这是用于判断测试用例执行中产生的中间结果和最后结果是否正确的准则。

（8）操作过程。操作过程指实施测试用例的执行步骤。

（9）前提和约束。前提和约束指在测试用例说明中施加的所有前提条件和约束条件，如果有特别限制、参数偏差或异常处理，应该标识出来，并说明它们对测试用例的影响。

（10）测试终止条件。这是指说明测试正常终止和异常终止的条件。

3. 测试用例的设计步骤

测试用例设计一般包括以下几个步骤：

（1）测试需求分析。测试用例中的测试集与测试需求的关系是多对一的关系，即一个或多个测试用例集对应一个测试需求功能。

（2）业务流程分析。软件测试需要对软件的内部处理逻辑进行测试。为了不遗漏测试点，需要清楚地了解软件产品的业务流程。在测试用例设计前，先画出软件的业务流程。业务流程图可以帮助理解软件的处理逻辑和数据流向，从而指导测试用例的设计。

（3）测试用例设计。测试用例设计的类型包括功能测试、边界测试、异常测试、性能测试、压力测试等。

（4）测试用例评审。测试用例设计完成后，一般要经过评审才能作为正式的测试用例使用。评审一般由业务代表、需求分析人员、设计人员和测试人员共同参与。

五、软件测试流程

1. 制订测试计划

为保证软件测试的质量，必须有一个起指导作用的测试计划，并且通常由项目负责人制订。具体软件测试计划中应主要包括以下几方面的内容：

（1）项目基本情况。项目基本情况包括软件产品的运行平台、应用领域、特点和主要功能模块等。大型软件项目还要介绍测试目的和侧重点。

（2）测试任务。测试任务包括简述测试的目标、程序运行环境、测试要求等内容。

（3）测试策略。测试策略包括详细制作测试记录文档的模板，为测试做准备。还应详述测试用例的目的、输入数据、预期输出、测试步骤、进度安排、条件等。

（4）测试组织。测试组织指选择测试方法和测试用例；配置测试资源，包括测试人员、环境、设备等；制订测试进度，即计划表。

（5）测试评价。测试评价主要说明各项测试的范围、局限性及评价测试结果。

2. 测试阶段划分

软件测试的步骤为单元测试、集成测试、确认测试、系统测试和验收测试。

（1）单元测试是基于代码的测试，最初由开发人员执行，以验证其可执行程序代码的各个部分是否已达到了预期的功能要求；

（2）集成测试验证两个或多个单元之间的集成是否正确，并且有针对性地对详细设计中定义的各单元之间的接口进行检查；

（3）确认测试也称为合格性测试，用来检验所开发的软件是否按用户要求运行；

（4）系统测试用客户环境模拟系统运行，以验证系统是否达到了在概要设计中所定义的功能和性能；

（5）验收测试是由业务专家或用户进行验收测试，以确保产品真正符合用户业务上的需要。

软件测试各阶段和软件开发的瀑布模型的各阶段存在对应关系。开发阶段与测试阶段对应表见

表 5 – 7。

表 5 – 7　开发阶段与测试阶段对应表

设 计 名 称	测 试 名 称
编码	单元测试
详细设计	集成测试
概要设计	确认测试与系统测试
需求分析	验收测试

3. 单元测试

单元测试的对象是软件设计的最小单位——模块。单元测试指程序模块或功能模块进行正确性检验的测试工作。其目的在于检验程序各模块中是否存在各种差错，是否能正确地实现其功能，满足其性能和接口要求。单元测试应对模块内所有重要的控制路径设计测试用例，以便发现模块内部的错误。单元测试多采用白盒测试技术，系统内多个模块可以并行地进行测试。单元测试任务包括：

（1）模块接口测试。

（2）模块局部数据结构测试。

（3）模块边界条件测试。

（4）模块中所有独立执行通路测试。

（5）模块的各条错误处理通路测试。

通常单元测试在编码阶段进行。当源程序代码编制完成，经过评审和验证，确认没有语法错误后，就开始进行单元测试的测试用例设计。利用设计文档，设计可以验证程序功能，找出程序错误的多个测试用例。对于每一组输入，应有预期的正确结果。

4. 集成测试

集成测试也称组装测试或联合测试，是在单元测试的基础上进行的一种有序测试。这种测试需要将所有模块按照设计要求，逐步装配成高层的功能模块并进行测试，直到整个软件成为一个整体。集成测试的目的是检验软件单元之间的接口关系，并把经过测试的单元组合成符合设计要求的软件。集成测试主要分为以下两种测试方式：

（1）自顶向下集成（top-down integration）方式是一个递增的组装软件结构的方法。从主控模块（主程序）开始沿控制层向下移动，把模块一一组合起来。它又有两种方法：

①先深度，按照结构，用一条主控制路径将所有模块组合起来；

②先宽度，逐层组合所有下属模块，在每一层水平地展开测试。

（2）自底向上的集成（bottom-up integration）方式是最常使用的方法。其他集成方法都或多或少地继承、吸收了这种集成方式的思想。自底向上集成方式从程序模块结构中最底层的模块开始组装和测试。因为模块是自底向上进行组装的，对于一个给定层次的模块，它的子模块（包括子模块的所有下属模块）事前已经完成组装并经过测试，所以不再需要编制桩模块（一种能模拟真实模块，给待测模块提供调用接口或数据的测试用软件模块）。

集成测试验证程序和概要设计说明的一致性，是发现和改正模块接口错误的重要阶段。

5. 确认测试

确认测试又称有效性测试。有效性测试是在模拟的环境下，运用黑盒测试的方法，验证被测软件是否满足需求规格说明书列出的需求。任务是验证软件的功能和性能及其他特性是否与用户的要求一致。对软件的功能和性能要求在软件需求规格说明书中已经明确规定，它包含的信息就是软件确认测试的基础。

确认测试必须有用户的积极参与，或者以用户为主进行。用户应该参与设计测试方案，输入测试数据并分析评价测试的输出结果。为了使用户能够积极主动地参与确认测试，特别是为了使用户可以有效地使用这个软件系统，通常在验收之前由软件开发单位对用户进行培训。另外还需要制定一组测试步骤，描述具体的测试用例。通过实施预定的测试计划和测试步骤，确定软件的特性是否与需求相符，确保所有的软件功能需求都能得到满足，所有的软件性能需求都能达到，所有的文档都是正确且易于使用的。同时，对其他软件需求，如可移植性、兼容性、自动恢复、可维护性等，也都要进行测试。

确认测试的结果有两种可能：一种是功能和性能指标满足软件需求说明的要求，用户可以接受；另一种是软件不满足软件需求说明的要求，用户无法接受。项目进行到这个阶段才发现严重错误和偏差一般很难在预定的工期内改正，因此必须与用户协商，寻求一个妥善解决问题的方法。确认测试完成后应交付的文档有确认测试分析报告、最终的用户手册和操作手册、项目开发总结报告。

软件配置审查是确认测试过程的重要环节，其目的是保证软件配置的所有成分都齐全，各方面的质量都符合要求，具有维护阶段所必需的细节和已经编排好分类的目录。除了按合同规定的内容和要求人工审查软件配置外，在确认测试过程中，应当严格遵守用户手册和操作手册中规定的使用步骤，以便检查这些文档资料的完整性和正确性。另外，在确认测试过程中必须仔细记录发现的遗漏和错误，并适当地补充和改正。

6. 系统测试

系统测试是将经过集成测试的软件作为系统计算机的一个部分，与系统中其他部分结合起来，在实际运行环境下对计算机系统进行的一系列严格有效的测试，以发现软件潜在的问题，保证系统的正常运行。在软件的各类测试中，系统测试是最接近人们日常实践的测试。主要内容包括：

（1）功能测试，测试软件系统的功能是否正确，其依据是需求文档，如产品需求规格说明书。由于正确性是软件最重要的质量因素，所以功能测试必不可少。

（2）健壮性测试，测试软件系统在异常情况下正常运行的能力。健壮性有容错能力和恢复能力两层含义。

系统测试的主要目标是：

（1）确保系统测试的活动是按计划进行的。

（2）验证软件产品是否与系统需求用例不相符或与之矛盾。

（3）建立完善的系统测试缺陷记录跟踪库。

（4）确保软件系统测试活动及其结果，及时通知相关小组和个人。

系统测试是进行信息系统的各种组装测试和确认测试，是针对整个产品系统进行的测试，目的是验证系统是否满足了需求规格的定义，找出与需求规格不符或与之矛盾的地方，从而提出更加完善的方案。

7. 验收测试

验收测试是系统开发生命周期最后的一个阶段，这时相关的用户或独立测试人员根据测试计划和结果对系统进行测试与接收。它让用户决定是否接收系统，是一项确定产品是否能够满足合同或用户所规定需求的测试。

实施验收测试的常用策略有以下三种：

（1）正式验收。

（2）非正式验收或 Alpha 测试。

（3）Beta 测试。

选择的策略通常建立在合同需求、组织和公司标准以及应用领域的基础上。

验收测试的任务是要回答项目组开发的软件产品是否符合预期的各项要求，以及用户能否接受的问题。由于它不只是检验软件某个方面的质量，而是要进行全面的质量检验，并且要决定软件是否合格，因此验收测试是一项严格的正式测试活动。需要根据事先制订的计划，进行软件配置评审、功能测试、性能测试等多方面检测。

8. 书写软件测试报告

测试报告是把测试的过程和结果写成文档，并对发现的问题和缺陷进行分析，为纠正软件存在的质量问题提供依据，同时为软件验收和交付打下基础。

具体内容包括证实软件所具有的能力、存在的缺陷及限制、给出结论性的评价意见。这些意见既是对软件质量的评价，也是决定该软件能否交付使用的重要依据。

一份详细的测试报告应该包含足够的信息，包括产品质量和测试过程的评价，还有测试报告基于测试中的数据采集以及对最终的测试结果分析。最后说明测试结论，即测试能否通过。

六、面向对象软件测试

面向对象的开发模型将软件开发分为面向对象分析（OOA）、面向对象设计（OOD）和面向对象编程（OOP）三个阶段，针对这种开发模型，面向对象测试包括面向对象分析测试（OOA Test）、面向对象设计测试（OOD Test）和面向对象编程测试（OOP Test）。面向对象的软件测试按照不同的级别进行，测试被分为类测试、集成测试、系统测试等不同级别。

1. 类测试

类必须是可靠的并可实现复用，因此类要尽可能地独立测试。类测试主要有基于规格说明的测试和基于程序的测试两种形式，它们与结构测试中的黑盒测试和白盒测试相对应。这部分的测试主要包括方法测试和对象测试，在考虑方法测试时，对成员函数的测试不完全等同于传统的函数或过程测试。尤其是继承特性和多态特性，使子类继承或重载的父类成员函数出现了传统测试中未遇见的问题。需要做以下考虑。

（1）继承的成员函数是否需要测试。如果是父类中已经测试过的成员函数，两种情况需要在子类中重新测试：继承的成员函数在子类中做了改动；成员函数调用了改动过的成员函数的部分。例如：假设父类 Book 有两个成员函数：f1() 和 f2()，子类 Newbook 对 f1() 做了改动，Newbook∷f1() 显然需要重新测试。对于 Newbook∷f2()，如果它有调用 f1() 的语句，就需要重新测试，反之，无此必要。

（2）对父类的测试是否能照搬到子类。接用上面的假设，Book∷f1() 和 Newbook∷f1() 已经是不同的成员函数，它们有不同的服务说明和执行。对此，按理应该对子类重新进行测试分析，设计测试用例。但由于面向对象的继承使得两个函数有相似性，故只需在 Book∷f1() 测试要求并且在测试用例上添加 Newbook∷f1() 新的测试要求和增补相应的测试用例。

2. 集成测试

集成测试在两个级别上发生。第一级的集成测试是新类和类簇的测试，它要求在不编写代码的情况下将软件开发中的元素结合起来，主要对类间的关系进行测试。第二级集成测试是把各子系统组装成完整的软件系统过程中的测试，它主要测试对象之间的通信。在进行测试之前制订测试计划是非常重要和必要的，好的测试计划不仅可以节省测试的时间，对软件质量的提高也起到了极其重要的作用。

面向对象的集成测试能够检测出相对独立的单元测试无法检测出的那些类在相互作用时才会产生的错误。基于单元测试对成员函数行为正确性的保证，集成测试只关注子系统的结构和内部的相互作用。面向对象的集成测试可以分成两步进行，即先进行静态测试，再进行动态测试。

静态测试主要针对程序的结构进行，检测程序结构是否符合设计要求。现在流行的一些测试软件都提供了程序理解的功能，即通过原程序得到类关系图和函数功能调用关系图。将程序理解得到的结果与 OOD 的结果相比较，检测程序结构和实现上是否有缺陷，即通过这种方法检测 OOP（面向对象编程）是否达到了设计要求。

动态测试设计测试用例时，通常需要调用功能结构图、类关系图或者实体关系图为参考，确定不需要被重复测试的部分，从而优化测试用例，减少测试工作量，使得进行的测试能够达到一定覆盖标准。测试所要达到的覆盖标准可以是：达到类所有的服务要求或服务提供的一定覆盖率；依据类间传递的消息，达到对所有执行线程的一定覆盖率；达到类的所有状态的一定覆盖率等。同时也可以考虑使用现有的一些测试工具来得到程序代码执行的覆盖率。

值得注意的是，设计测试用例时，不但要设计确认类功能满足的输入，还应该有意识地设计一些被禁止的例子，确认类是否有不合法的行为产生，如发送与类状态不相适应的消息、与要求不相适应的服务等。根据具体情况，动态的集成测试，有时也可以通过系统测试完成。

3. 系统测试

系统测试与传统测试基本相同，单元测试和集成测试仅能保证软件开发的功能得以实现，不能确认在实际运行时是否满足用户的需要，是否大量存在实际使用条件下会被诱发产生错误的隐患。为此，对完成开发的软件必须经过规范的系统测试。

系统测试主要包括：功能测试、强度测试、性能测试、安全测试、恢复测试和可用性测试。开发完成的软件仅仅是实际投入使用系统的一个组成部分，需要测试它与系统其他部分配套运行的表现，以保证在系统各部分协调工作的环境下也能正常工作。系统测试时，应该参考 OOA 的结果，对应描述的对象、属性和各种服务，检测软件是否能够完全实现用户的要求。系统测试不仅是检测软件的整体行为表现，也是对软件开发设计的再确认。系统测试需要对被测的软件结合需求分析做仔细的测试分析，建立测试用例。

七、软件项目的调试

软件测试后，一定会发现一些错误，项目组必须进一步诊断和改正程序中的错误，这就是软件项目的调试技术。软件调试（Software Debug）泛指重现软件故障（Failure）、定位故障根源，并最终解决软件问题的过程。

1. 软件调试过程

软件调试过程分为两个步骤：第一步确定错误的位置，找出引起错误的模块或接口；第二步确定产生错误的原因，同时设法改正错误。但是对于一个完整的软件，调试过程则是一个循环过程，它由以下几个步骤组成：

（1）重现故障。重现故障通常是指在用于调试的系统上重复导致故障的步骤，使要解决的问题出现在被调试的系统中。

（2）定位根源。定位根源即使用各种调试手段寻找导致软件故障的各种根源。通常测试人员报告和描述的是软件故障所表现出的外在症状，定位根源就是要找到其对应的内在原因。

（3）搜索和实现解决方案。搜索和实现解决方案即根据寻找到的故障根源、资源情况、紧迫程度等设计和实现解决方案。

（4）验证方案。验证方案又称回归测试。如果问题已经解决，那么就可以关闭问题；如果没有解决，则回到步骤（3）调整和修改解决方案。

2. 调试策略

1）单步执行

单步执行是最早的调试方法之一。简单来说，就是让应用程序按照某一步骤单位一步一步地执行。每次要执行的步骤单位分为以下几种：

（1）每次执行一条汇编指令，称为汇编语言级的单步跟踪，其实现方法一般是设置 CPU 的单步执行标志。

（2）每次执行源代码的一条语句，称为源代码级的单步跟踪。高级语言的单步执行一般也是通过多次汇编级的单步执行而实现的。

（3）每次执行一个程序分支，称为分支到分支的单步跟踪。

（4）每次执行一个任务（线程），即当指定任务被调度执行时中断到调试器。

2）设置断点

随着软件向大型化方向发展，从头到尾跟踪执行一个模块乃至一个软件已不再可行了，一般的做法是先使用断点功能将进程中断到一定位置，然后再单步执行关键的代码。

设置断点是使用调试器进行调试最常用的调试技术之一。断点调试是指自己在程序的某一行设置一个断点，调试时，程序运行到这一行就会停住，然后可以一步一步往下调试，调试过程中可以看到各个变量当前的值，出错的话，调试到出错的代码行即显示错误，停下。VC＋＋中的断点调试方法如下。

（1）在程序代码编辑框外双击左键，就成功设置了一断点（可以看到有一点在那里）。

（2）开始调试按［F5］键，程序运行到断点之后，按［F10］键就会执行当前程序行。

其基本思想是在某个位置设置一个"陷阱"，当 CPU 执行到这个位置时便停止执行被调试的程序，同时中断到调试器中，让调试者进行分析和调试。调试者分析结束后，可以让被调试程序恢复执行。断点可分为代码断点、数据断点、I/O 断点。

3）日志

日志就是针对自己的工作，每天记录工作的内容、所花费的时间以及在工作过程中遇到的问题，解决问题的思路和方法。最好可以详细客观地记录所面对的选择、观点、观察、方法、结果和决定，这样每天日事日清，经过长期的积累，就能提高自己的工作技能。记录调试日志的基本思想是在编写程序时加入特定的代码将程序运行的状态信息写到日志文件或数据库中。日志文件通常按时间取文件名，每一条记录有详细的时间信息，适合长期保存和事后检查与分析。

4）观察和修改数据

观察被调试程序的数据是了解程序内部状态的一种直接的方法。很多提示器提供观察和修改数据的功能，包括变量和程序的栈及堆等重要数据结构。在调试符号的支持下，可以按照数据类型来显示结构化的数据。

八、软件维护

软件维护指在软件产品已经交付使用之后，为了改正错误或满足新的需要而修改软件的过程。如果在软件设计的过程中，遗留了大量的维护工作，则可能会束缚软件开发组织的手脚，使他们没有余力开发新的软件。

1. 维护的分类

可以将软件维护的内容定义为四种类型：改正性维护、适应性维护、完善性维护和预防性维护。四种维护工作量所占比例如图 5-4 所示。

1）改正性维护

软件开发结束后，软件测试所进行的工作不一定都是完全的、彻底的，测试工作不可能发现所有错误，所以，有一些潜伏的错误在使用时才会被发现。用户常常将他们遇到的问题报告给软件维护人员并要求解决。

改正性维护是指为了识别和纠正软件错误、改正软件性能上的缺陷、排除实施中的错误，应当进行的诊断和改正错误的

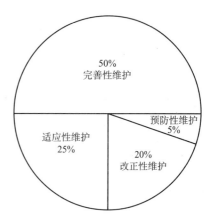

图 5-4 维护工作量比例图

过程。这方面的维护工作量占整个维护工作量的 20%。所发现的错误有的不太重要，不影响系统的正常运行，其维护工作可随时进行，而有的错误非常重要，甚至影响整个系统的正常运行，其维护工作必须制订计划，进行修改，并且要进行复查和控制。

2）适应性维护

计算机软件、硬件各个方面发展变化十分迅速，软件不断升级，如操作系统不断升级，硬件的发展也非常迅速。然而，开发完的应用软件的使用时间，往往比原先的系统环境使用时间更为长久，因此，常需对软件加以改造，使之适应于新的环境。为使软件产品在新的环境下仍能使用而进行的维护，称为适应性维护。这方面的维护工作量占整个维护工作量的 25%，用户常常为改善系统硬件环境和运行环境而产生系统更新换代的需求；企业的外部市场环境和管理需求的不断变化也使得各级管理人员不断提出新的信息需求。这些因素都导致适应性维护工作的产生。进行这方面的维护工作也要像系统开发一样，有计划、有步骤地进行。

3）完善性维护

在使用软件的过程中，用户往往要扩充原有的系统需求，增加一些在系统需求说明书中没有的功能要求，还可能提出提高程序性能的要求。为了满足这类要求而修改软件的活动，称为完善性维护。

例如，在工资管理系统交付之后，可能会有增加个别项目的功能；缩短系统的响应时间，使之达到新的要求；改变现有程序输出数据的格式，以方便用户使用；在正在运行的软件中增加联机求助功能等，这都属于完善性维护。这类维护占整个维护工作的 50% 左右，比重较大，也是关系到系统开发质量的重要方面。此类维护除了要有计划、有步骤地完成外，还要注意将相关的文档资料加入前面相应的文档中去。

4）预防性维护

为了适应未来软硬件环境的变化，改进应用软件的可靠性和可维护性，应主动增加新的预防性功能，以使应用系统适应各类变化而不被淘汰。这就出现了第 4 类维护活动，即预防性维护。通常，把预防性维护定义为把今天的方法用于昨天的系统以满足明天的需要。也就是说，预防性维护就是采用先进的软件工程方法对需要维护的软件或软件中的某一部分主动地进行重新设计、编码和测试。这方面的维护工作量占整个维护工作量的 5% 左右。

总结一下，软件开发结束后，进入到维护阶段的最初几年中，改正性维护的工作量往往比较大。但随着错误发现率的迅速降低，软件运行趋于稳定，就进入了正常使用期间。由于用户经常提出改造软件的要求，适应性维护和完善性维护的工作量就逐渐增加，而且在这种维护过程中往往又会产生新的错误，从而进一步加大了维护的工作量。由此可见，软件维护绝不仅限于纠正软件使用中发现的错误，事实上在全部维护活动中一半以上是完善性维护。

2. 软件维护报告

软件维护过程事实上是在提出一项维护要求之前，与软件维护有关的工作就已经开始了，本质上是贯穿了问题定义和开发过程。首先必须建立一个维护组织，其次必须确定报告和评价的过程，还应该建立一个适用于维护活动的记录保管过程，并且规定复审标准，这样软件维护文档就是必须存在的了。软件维护相关文档包括：维护申请报告、软件修改报告和维护记录等内容，在本章节的知识拓展部分有详细介绍。

3. 软件可维护性

软件可维护性指软件能够被维护人员理解、校正、适应及增强功能的容易程度。可维护性、可使用性、可靠性是衡量软件质量的主要质量特性。软件的可维护性是软件开发阶段的关键目标。可维护性主要包括可理解性、可测试性、可修改性、可靠性、可移植性、可使用性和效率。

软件的可维护性决定了软件寿命的长短，因此必须提高软件的可维护性。一般可从以下四个方面来提高软件的可维护性：

1）明确软件的主要质量目标

如果要程序满足可维护性的全部要求，是不现实的，因为用户作为使用者，不可能了解开发者的技术，经常会提出一些意想不到的功能要求，因此要明确软件最主要的质量目标。

2）使用合理的软件开发技术和工具

现在，软件开发工具很多，但是为了达到不同的目的，要合理地选择软件开发技术和工具，合理的开发技术开发出来的软件系统稳定性好、比较容易修改、容易理解、易于测试和调试，因此可维护性好。

3）组织严格的质量保证体系

质量保证检查是非常有效的方法，不仅在软件开发的各阶段中得到了广泛应用，而且在软件维护中也是一个非常重要的工具。

4）良好的文档习惯

在维护阶段，完善的、恰当的、齐全的文档是影响软件可维护性的决定性因素。在某种程度上说，一个项目的成功与否，软件文档起着决定性的作用。

任务实施

设计缴费子系统测试用例

（1）测试用例设计。打开图 5-5 所示的缴费窗口，设计测试用例，如表 5-8、表 5-9、表 5-10、表 5-11 和表 5-12，并按用例进行测试。设计测试用例的依据是《系统详细设计说明书》。

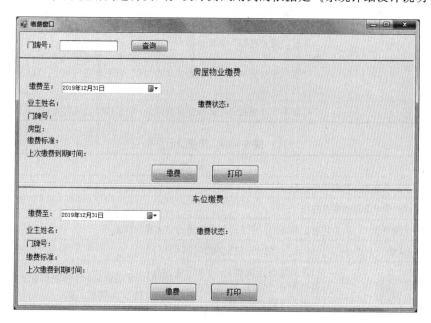

图 5-5　缴费窗口界面

表 5 – 8　用例 1

编　号	用　例　1	
功能描述	业主信息查询	
用例目的	测试能否正确查询业主信息	
前提条件	打开缴费窗口	
输入/动作	期望的输出/相应	实际情况
在门牌号文本框内输入错误的门牌号"000"	弹出对话框提示"业主信息输入错误"	弹出对话框提示"业主信息输入错误!"，与期望一致!
在门牌号文本框内输入"01 – 1801"	在房屋物业缴费 Panel 和车位缴费 Panel 中正确显示业主缴费信息（不是所有业主都有车位费）	正确显示业主缴费信息，与期望一致!

表 5 – 9　用例 2

编　号	用　例　2	
功能描述	未缴费状态业主缴房屋物业费	
用例目的	测试未缴费状态业主缴费流程	
前提条件	打开缴费窗口，业主信息正确显示，业主房屋物业费为"未缴费"状态	
输入/动作	期望的输出/相应	实际情况
在门牌号文本框内输入"01 – 1801"	在房屋物业缴费 Panel 中，业主缴费状态为"未缴费"（"未缴费"状态表示本年度物业费未缴）	正确显示业主缴费信息，房屋物业缴费 Panel 中的缴费状态为"未缴费"，与期望一致!
在房屋物业缴费 Panel 中选择日期"2019 – 12 – 31"	在房屋物业缴费 Panel 显示的本次缴费额为房屋面积×缴费标准×月数	房屋物业缴费 Panel 显示的本次缴费额与期望一致，与期望一致!
单击"缴费"按钮	界面"缴费状态"数据更新为"已缴费"；"上次缴费到期时间"的数据更新为"2019 – 12 – 31"	业主"缴费状态"和"上次缴费到期时间"已更新，与期望一致!
单击"打印"按钮	打印本次（最近一次）缴费信息	正常打印，与期望一致!

表 5 – 10　用例 3

编　号	用　例　3	
功能描述	欠费状态业主补缴房屋物业费	
用例目的	测试欠费状态业主缴费流程	
前提条件	打开缴费窗口，业主信息正确显示，业主房屋物业费为"欠费"状态	
输入/动作	期望的输出/相应	实际情况
在门牌号文本框内输入"01 – 1802"	在房屋物业缴费 Panel 中，业主缴费状态为"欠费"（"欠费"状态表示本年度物业费未缴）	正确显示业主缴费信息，缴费状态为"欠费"，与期望一致!
在房屋物业缴费 Panel 中选择日期设定为上一缴费年度末"2018 – 12 – 31"	在房屋物业缴费 Panel 显示的本次缴费额为房屋面积×缴费标准×月数	房屋物业缴费 Panel 显示的本次缴费额与期望一致!

续表

输入/动作	期望的输出/相应	实 际 情 况
单击房屋物业缴费 Panel 的"缴费"按钮	界面"缴费状态"数据更新为"未缴费"（只补交了之前的欠费，当前年度的费用）；"上次缴费到期时间"的数据更新为"2018－12－31"	业主"缴费状态"和"上次缴费到期时间"已更新，与期望一致！
单击房屋物业缴费 Panel 的"打印"按钮	打印本次（最近一次）缴费信息	正常打印，与期望一致！

表 5－11　用例 4

编　　号	用 例 4	
功能描述	车位费未缴费状态业主缴车位费	
用例目的	测试车位费未缴费状态业主缴费流程	
前提条件	打开缴费窗口，业主信息正确显示，业主车位费为"未缴费"状态	

输入/动作	期望的输出/相应	实 际 情 况
在门牌号文本框内输入"01－1801"	在车位缴费 Panel 中，业主车位费缴费状态为"未缴费"（"未缴费"状态表示本年度车位费未缴）	正确显示业主车位费缴费信息，缴费状态为"未缴费"，与期望一致！
在车位缴费 Panel 中选择日期"2019－12－31"	在车位缴费 Panel 显示的本次缴费额为缴费标准×月数	车位缴费 Panel 显示的本次缴费额与期望一致，与期望一致！
单击车位缴费 Panel 的"缴费"按钮	界面"缴费状态"数据更新为"已缴费"；"上次缴费到期时间"的数据更新为"2019－12－31"	业主"缴费状态"和"上次缴费到期时间"已更新，与期望一致！
单击车位缴费 Panel 的"打印"按钮	打印本次（最近一次）缴费信息	正常打印，与期望一致！

表 5－12　用例 5

编　　号	用 例 5	
功能描述	车位费欠费状态业主缴车位费	
用例目的	测试车位费欠费状态业主缴费流程	
前提条件	打开缴费窗口，业主信息正确显示，业主为"欠费"状态	

输入/动作	期望的输出/相应	实 际 情 况
在门牌号文本框内输入"01－1802"	在车位缴费 Panel 中，业主缴费状态为"欠费"（"欠费"状态表示本年度物业费未缴）	正确显示业主缴费信息，缴费状态为"欠费"，与期望一致！
在车位缴费 Panel 中选择日期设定为上一缴费年度末"2018－12－31"	在车位缴费 Panel 显示的本次缴费额为缴费标准×月数	车位缴费 Panel 显示的本次缴费额与期望一致！

续表

输入/动作	期望的输出/相应	实 际 情 况
单击车位缴费 Panel 的"缴费"按钮	界面"缴费状态"数据更新为"未缴费"（只补交了之前的欠费，当前年度的费用）；"上次缴费到期时间"的数据更新为"2018 – 12 – 31"	业主"缴费状态"和"上次缴费到期时间"已更新，与期望一致！
单击车位缴费 Panel 的"打印"按钮	打印本次（最近一次）缴费信息	正常打印，与期望一致！

（2）改进建议。打印的缴费收据的内容不够详细，缴费标准中只有总的标准，没有列出住宅部分、公共区域部分收费标准的详细条目。建议将房屋物业缴费标准细化，并在收据中打印出来。

知 识 拓 展

一、软件测试报告

软件测试报告一般应包含以下内容：

1. 引言

（1）测试报告的编写目的。本测试报告为职苑物业管理系统项目的测试报告，目的在于总结测试阶段的测试以及分析测试结果，描述系统是否符合需求。

（2）测试报告的适用范围。预期参考人员包括用户、测试人员、开发人员、项目管理者、其他质量管理人员和需要阅读本报告的高层经理。

（3）术语。

（4）参考资料。

2. 测试概述

（1）测试环境与配置。列表给出序号、硬件配置、描述、数量、备注等信息。

（2）测试内容。首先，本次测试主要是对需求进行验收，统计功能完成情况；其次，对系统性能进行测试，检验其性能能否满足界面友好的性能要求。

3. 测试结果与分析

（1）测试用例执行情况。所有的测试用例都成功执行，并在回归测试时所有的测试用例全部通过。

（2）测试结果。测试用例全部执行通过。

（3）测试分析。

4. 改进建议

对被测试软件的设计、操作或测试过程提供改进建议。

二、软件维护报告

1. 维护申请报告

软件维护人员通常给用户提供空白的维护要求表（有时称为软件问题报告表），这个表格由要求一项维护活动的用户填写，提供错误情况说明（输入数据、错误清单等）或修改说明书等。

2. 软件修改报告

维护申请报告是一个外部产生的文件，它是计划维护活动的基础。软件组织内部应该制定出一个软件修改报告。软件修改报告是与申请报告相应的内部文件，要求说明以下内容：

（1）需要修改的功能说明。

（2）申请修改的优先级。

（3）为满足某个维护申请报告所需的工作量。

（4）描述修改后的状况，要求有修改前后的对比说明。

在拟订进一步的维护计划之前，把软件修改报告提交审查批准。评审工作很重要，通过评审回答要不要维护，从而可以避免盲目的维护。

3. 保存软件维护记录

软件的可维护性是衡量软件质量的重要指标，同时也是软件可维护的基础。如果软件的可维护性能差，那么软件的维护将十分困难，有时甚至不可能维护。维护时保存的文档资料甚至比软件本身更重要。软件维护记录通常包括如下数据：

（1）程序名称。

（2）源程序语句条数。

（3）机器代码指令条数。

（4）使用的程序设计语言。

（5）程序的安装日期。

（6）程序安装后的运行次数。

（7）与程序安装后运行次数有关的处理故障的次数。

（8）程序修改的层次和名称。

（9）由于程序修改而增加的源程序语句条数。

（10）由于程序修改而删除的源程序语句条数。

（11）每项修改所付出的"人时"数。

（12）程序修改的日期。

（13）软件维护人员的姓名。

（14）维护申请报告的名称。

（15）维护类型。

（16）维护开始时间和结束时间。

（17）用于维护的累计"人时"数。

（18）维护工作的净收益。

每项维护工作都应该收集上述数据。

习　题

一、选择题

1. 白盒测试侧重于（　　　）。

    A. 程序的内部逻辑 　　　　　　　　B. 软件的整体功能

    C. A 和 B 都是 　　　　　　　　　　D. A 和 B 都不是

2. 以消除测试瓶颈为目的的测试是（　　　）。

    A. 负载测试 　　　　B. 性能测试 　　　　C. 覆盖测试 　　　　D. 动态测试

3. 下面列出的逻辑驱动覆盖测试方法中，逻辑覆盖功能最弱的是（　　　）。

    A. 条件覆盖 　　　　B. 判定/条件覆盖 　　C. 语句覆盖 　　　　D. 判定覆盖

4. 从测试的角度来看，正确的测试顺序是（　　　）。

    ①单元测试　　　②集成测试　　　③系统测试　　　④验收测试

    A. ①②③④ 　　　　B. ④①②③ 　　　　C. ②③①④ 　　　　D. ③①②④

5. 导致软件缺陷的最主要原因是（　　　）。

    A. 软件需求说明书 　B. 维护 　　　　　　C. 编码 　　　　　　D. 设计方案

6. 单元测试的主要任务不包括（　　　）。

    A. 独立路径 　　　　B. 全局数据结构 　　C. 模块接口 　　　　D. 出错处理

7. 在下列描述中，关于测试与调试的说法错误的是（　　　）。

    A. 测试显示开发人员的错误，调试是开发人员为自己辩护

    B. 测试是显示错误的行为，而调试是推理的过程

    C. 测试能预期和可控，调试需要想象、经验和思考

    D. 测试必须在详细设计已经完成的情况下才能开始，没有详细设计的软件调试不可能进行

8. 维护阶段是软件生命周期中时间（　　　）的阶段，花费精力和费用（　　　）的阶段。

    A. 最少 　　　　　　B. 最长 　　　　　　C. 最短 　　　　　　D. 最多

9. 软件维护费用很高的主要原因是（　　　）。

    A. 人员多 　　　　　B. 人员少 　　　　　C. 生产率高 　　　　D. 生产率低

10. 为适应软硬件环境的变化而修改软件的过程是（　　　）。

    A. 完善性维护 　　　B. 适应性维护 　　　C. 校正性维护 　　　D. 预防性维护

11. 未采用软件工程方法开发软件，最终只有程序而无文档，对其进行的维护是（　　　）。

    A. 校正性维护 　　　B. 预防性维护 　　　C. 完善性维护 　　　D. 适应性维护

12. 产生软件维护的副作用是指（　　　）。

    A. 开发时的错误 　　　　　　　　　　B. 隐含的错误

    C. 因修改软件造成的错误 　　　　　　D. 运行时的错误

二、简答题

1. 常用的黑盒测试用例设计方法有哪些？各有什么优缺点？

2. 白盒测试的方法有哪些?

3. 软件的测试步骤是什么?

4. 调试的策略有哪些?

5. 面向对象测试由哪几部分组成?

6. 什么是软件测试? 软件测试的目标有哪些?

7. 黑盒测试与白盒测试有何区别?

8. 软件维护的内容是什么?

9. 什么是软件的可维护性? 如何衡量软件的可维护性?

10. 在软件开发过程中应采取哪些措施提高软件产品的可维护性?

参 考 文 献

[1] 杨晶洁. 现代软件工程应用技术 [M]. 北京：北京理工大学出版社，2017.

[2] 张海藩. 软件工程导论 [M]. 6 版. 北京：清华大学出版社，2013.

[3] 龙浩，王文乐，刘金，等. 软件工程：软件建模与文档写作 [M]. 北京：人民邮电出版社，2016.

[4] 史济民，顾春华，郑红. 软件工程：原理、方法与应用 [M]. 3 版. 北京：高等教育出版社，2009.

[5] 钟珞，袁胜琼，袁景凌，等. 软件工程 [M]. 北京：人民邮电出版社，2017.

[6] 陆惠恩. 软件工程 [M]. 3 版. 北京：人民邮电出版社，2017.